기초 기계공작 실습

김진남 저

도서출판 GS인터비전

머리말

저학년 학부학생들을 대상으로 기계부품제작에 대한 기초지식과 경험을 갖출 수 있도록 교재를 집필하였다.

모든 학문은 경험으로부터 시작된다. 경험의 축적과 지식의 결합으로 논리적인 사고체계가 형성된다고 볼 수 있다. 대부분의 학생들은 기계공작법에 대한 경험이 부족하다. 최근 많은 대학에서 저학년 때부터 창의적설계 및 각종 강좌에서 설계과정을 중요하게 다루고 있다. 이러한 설계 강좌를 원만히 수행하기 위해 기계부품제작에 관한 경험과 지식이 필요하다. 기계부품 및 모형제작 실습과정에서 체득한 공학적 감각과 기초지식은 고학년에서 전개되는 전공강좌를 이해하고 더 높은 공학적 지식체계를 형성하는데 많은 도움을 줄 수 있을 것이다.

이 교재는 기계공작법에 대한 기초가 없는 경우에도 쉽게 적용할 수 있도록 관련 지식을 정리해 두었다. 난이도가 높은 기능을 요구하기 보다는 직접 경험을 통해 생각하는 실습을 추구하였다. 마지막 12장에는 "3D 프린터" 실습과제를 첨부해 학생들이 설계과제 수행에 도움이 되도록 하였으며, 모든 내용들은 대학의 환경과 강의시간에 따라 적절하게 선택해서 사용할 수 있도록 하였다.

실습교재의 특성상 많은 자료들이 인용되었다. 대표적으로 "SME, Tooling University"의 온라인 교재들의 그림이 부분적으로 내용을 정리하여 인용 하였으며, 회사제품의 그림들도 일부 사용하였다. 이미 출판된 책과 강의 자료도 참고 하였다. 이분들의 노력에 진심으로 감사를 표시하고 싶다.

본 대학의 "기계제작 기초실습" 과정에서 준비된 교재를 사용해서 좋은 성과를 얻을 수 있었다. 그 동안 임무승 조교의 헌신적인 노력이 많은 도움이 되었음을 밝혀 둔다. 저자도 많은 이들의 도움을 받았으므로 본 교재 내용의 일부를 인용해서 사용하는 것에 제한을 두지 않겠다. 앞으로 교재의 내용을 더욱 충실하게 보완할 예정이다. 독자 여러분의 지적과 제언을 기대한다. 개정판에 함께 참여 하거나 의견 주실 분이 계신다면 감사하게 생각할 것이다.

2017년 6월30일 강원대학교 삼척캠퍼스

공학대학 기계공학과

교수 김진남

차례

1장

기계공작실습 개요

1.1 기계공작실습교재의 구성과 목적

1.2 도면의 이해

1.3 실습실 안전(Safety Rules and Regulations)

1.1 기계공작실습교재의 구성과 목적

기계공작법은 재료를 가공해 기계부품을 제작하는 방법에 관한 광범위한 내용을 담고 있는 중요한 학문분야이다. 기계부품을 제조하기 위해서는 전통적인 방법과 특수가공법 등이 있다. 재료를 가공해 기계부품으로 제조하는 방법은 다양하다. 현재 사용하고 있는 제조법 보다 비용을 절감하는 방법을 찾는 것은 기계공학도로서 중요한 일이다. 경쟁력이 있는 새로운 방법을 창안하기 위해서는 전통적인 가공법에 관해 지식이 필요하다. 제품의 생산 규모는 가공법의 선택에 큰 영향을 준다. 시제품을 제작할 때와 다량생산할 때의 가공방법이 다르게 된다.

기계공학도는 제품의 생산비용을 최소로 하는 방안을 찾기 위해 끊임없이 노력해야한다.

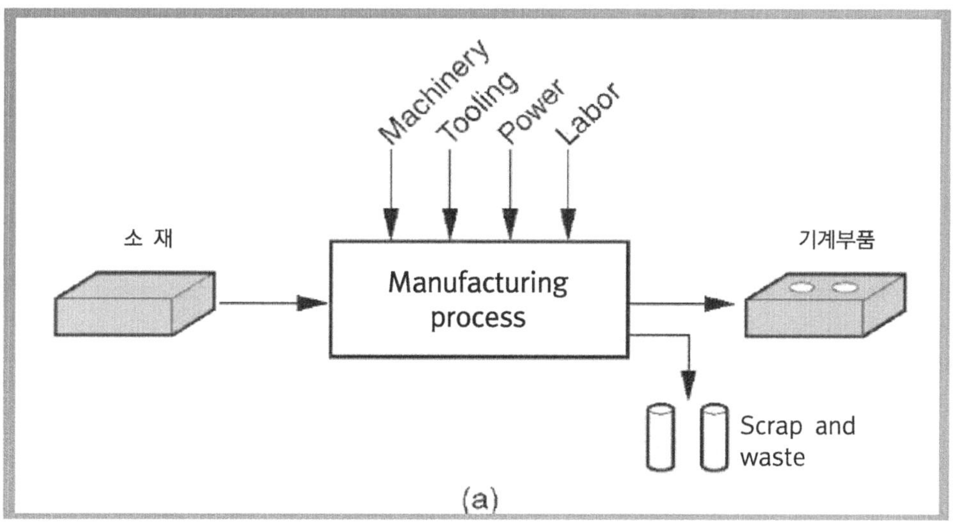

그림 1.1 생산활동에서 기계공작법의 이해
[출처 "E.Paul Degamo et al,'Materrials and process in manufacturing'"]

그림 1.2는 공장에서 기계가공시간을 분석한 그림이다. 전체 생산 시간 중에 공작기계가 가동되는 시간은 5%을 차지하고, 그 중에서 실제 절삭가공시간은 30~40% 밖에 안 된다. 나머지 60~70%의 시간은 공작물 고정, 공구교환, 측정에서 시간을 소비하고 있다. 공작기계의 가동률을 높이면 생산비용을 절감할 수 있게 된다.

어떤 방법으로 공작기계의 가동률(cutting time)을 높일 수 있을까?

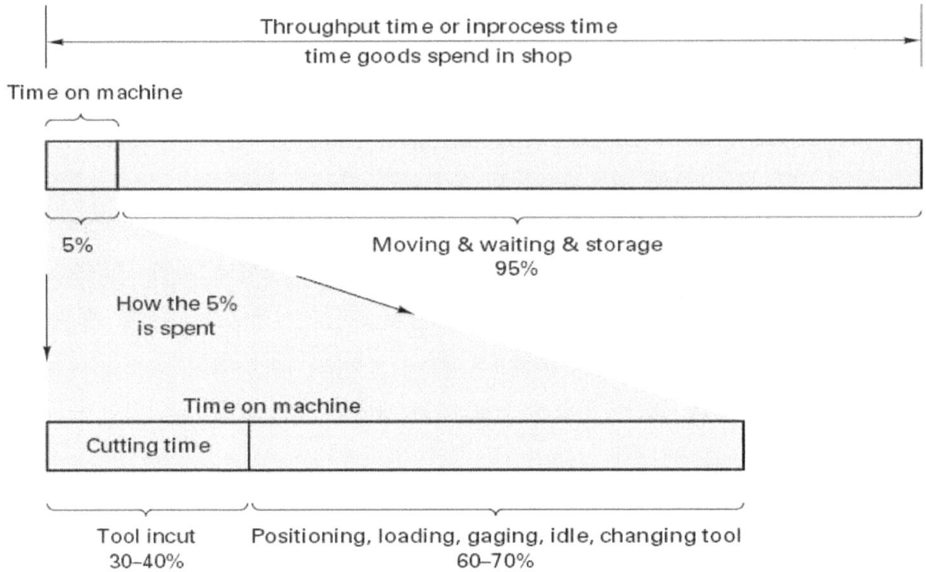

그림 1.2 공작물 가공에서 공작기계의 가동시간(cutting time)
[출처 "E.Paul Degamo et al,'Materrials and process in manufacturing'"]

모든 학문은 경험으로부터 시작된다. 경험의 축적과 지식의 결합으로 논리적인 사고체계가 형성된다고 볼 수 있다. 대부분의 학생들은 기계공작법에 대한 경험이 부족하다. "기계공작실습교재"는 처음 공작실습을 하는 학부 저학년 학생들을 대상으로 준비하였다. 부품 제작의 경험을 통해 기계부품설계 및 기계제작에 대한 기초지식을 습득하는 데 도움을 줄 수 있도록 교재를 구성하였다.

준비된 과제는 15주 과정을 통해 완성할 수 있도록 하였다. 과제는 서로 연결되어 있다. 가공실습과제의 각 부품들을 조립하면 "나사를 이용한 왕복 운동기구"가 되며, 완성조립품을 통해 각 부품의 상호관계를 이해할 수 있다. 과제는 완성된 기계로서의 의미 보다는 부품의 제작과 조립을 통해 기계부품의 상호 작용에 대해 경험하게 된다. 조립된 완성품은 여러 가지 요인으로 작동이 어려울 수도 있다. 원인을 파악하는 것도 좋은 학습이 될 것으로 기대한다. 제작된 "나사를 이용한 왕복 슬라이더"을 이용해 나사 운동기구의 "백래시(back lash)현상" 등을 학습 하는 것도 좋은 방법이다. 학생들은 주어진 과제를 완성한 후 스스로 이해도를 측정할 수 있도록 각 장에 질문지를 두었다.

짧은 시간에 기능의 숙달은 대단히 어렵다. 기능의 숙달 보다는 잘못된 점을 분석하고 실습에서 얻어진 경험이 기계공학을 학습하는 데 도움이 될 수 있도록 하였다.

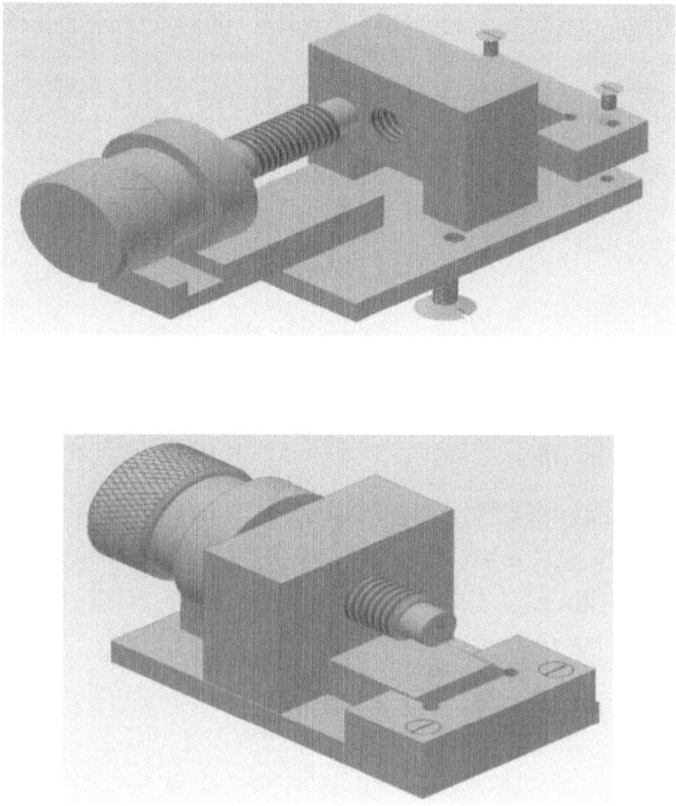

그림 1.3 절삭가공 과제(다듬질 포함)

크게 세 가지 종류의 실습으로 구성되었다.

- 절삭가공실습 : 수기가공, 선반가공, 밀링가공, 드릴가공
- 용접 및 판금가공 : 전기아크용접, 판금전개도, 판재의 굽힘가공
- 3D 프린터를 활용한 모형제작

절삭가공에 필요한 선행 지식은 책의 2장과 3장에 정리하여 두었다.
"측정과 공차, 기계재료, 절삭가공의 기초"에 대한 내용 중 실습에 필요한 내용을 정리하였으며, 가능한 많은 그림을 통해 이해을 돕도록 하였다.

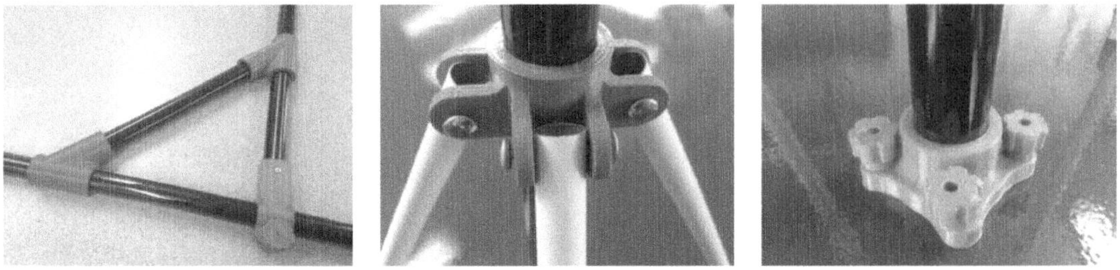

그림 1.4 3D 프린터 활용 과제(자유 과제로 한다)

실습과제는 실습실 환경(한정된 공작기계, 실습시간 등)을 고려해 각각 다른 순서로 프로젝트를 수행할 수 있도록 하였다. 특히 용접, 굽힘, 판재가공은 절삭가공실습과 분리해서 실시할 수 있다.

판금의 전개도는 상황에 따라 두꺼운 종이를 이용할 수도 있다. 간단한 컵형 3차원 모델의 전개도를 그리고 난 후, 소량과 대량생산에서 컵의 생산비용을 최소화 할 수 있는 방법을 토론해 보는 것도 좋은 방법이 될 것이다. 이때 관련지식(판재의 소요면적, 모델의 부피 등)도 함께 학습할 수 있도록 관련지식을 요약 정리해 두었다.

판재의 굽힘가공은 서로 다른 두 종류의 판재(강, 알미늄)을 자유굽힘가공을 하도록 구성하였다. 학생들의 안전을 고려해 대형 프레스의 이용보다는 소형 굽힘시험기, 바이스와 간단한 공구를 이용하도록 하였다. 이 과제를 통하여 학생들은 금속의 소성변형과 관련된 스프링백, 가공경화 현상을 함께 이해할 수 있도록 준비 하였다. 필요에 따라서는 경도시험 및 굽힘가공 실험장치를 이용해 관련 내용을 정리하면 효과적인 학습이 될 수 있을 것이다.

마지막 장에는 "3D 프린터"을 활용해 모형을 제작하는 실습과제를 제시하였다. 설계수업 등에서 모형제작을 활용하는 경우가 많다. 이런 경우에 3D프린터를 이용한 실습은 많은 도움을 줄 것이다. 과제는 자유과제로 하였으며, "프린팅 시간"과 "소모품"을 고려해 제한조건을 두었다.

그림 1.5는 "나사를 이용한 왕복 슬라이더"의 부품도이다. 주요 부품은 5개로 구성되어 있다.

① 슬라이더 가이드 포켓(Slider Guide Pocket)

② 이송 축

③ 이송 축 고정나사

④ 기준판(base plate)

⑤ 왕복 슬라이더(slider) 및 접시머리 나사(기성품 사용)

실습내용은 다음과 같다.

표 1.1 "나사를 이용한 왕복 슬라이더" 실습 과정

실습내용	부품명(부품번호)	비고
수기 가공(hand work)	① 슬라이더 가이드 포켓 (Slider Guide Pockert) ④ 기준판(Base Plate)	
선반가공	② 이송 축	나사 부분은 탭과 다이스를 이용한다.
밀링가공	③ 이송 축 고정나사 ⑤ 왕복 슬라이더(slider)	나사 부분은 탭을 이용할 수 있다.
연삭가공	③ 이송 축 고정나사	경우에 따라서는 ⑤ 슬라이더(slider)을 사용할 수 있다.
※ "접시머리 삼각나사(M5,M3)"는 기성품을 제공한다.		

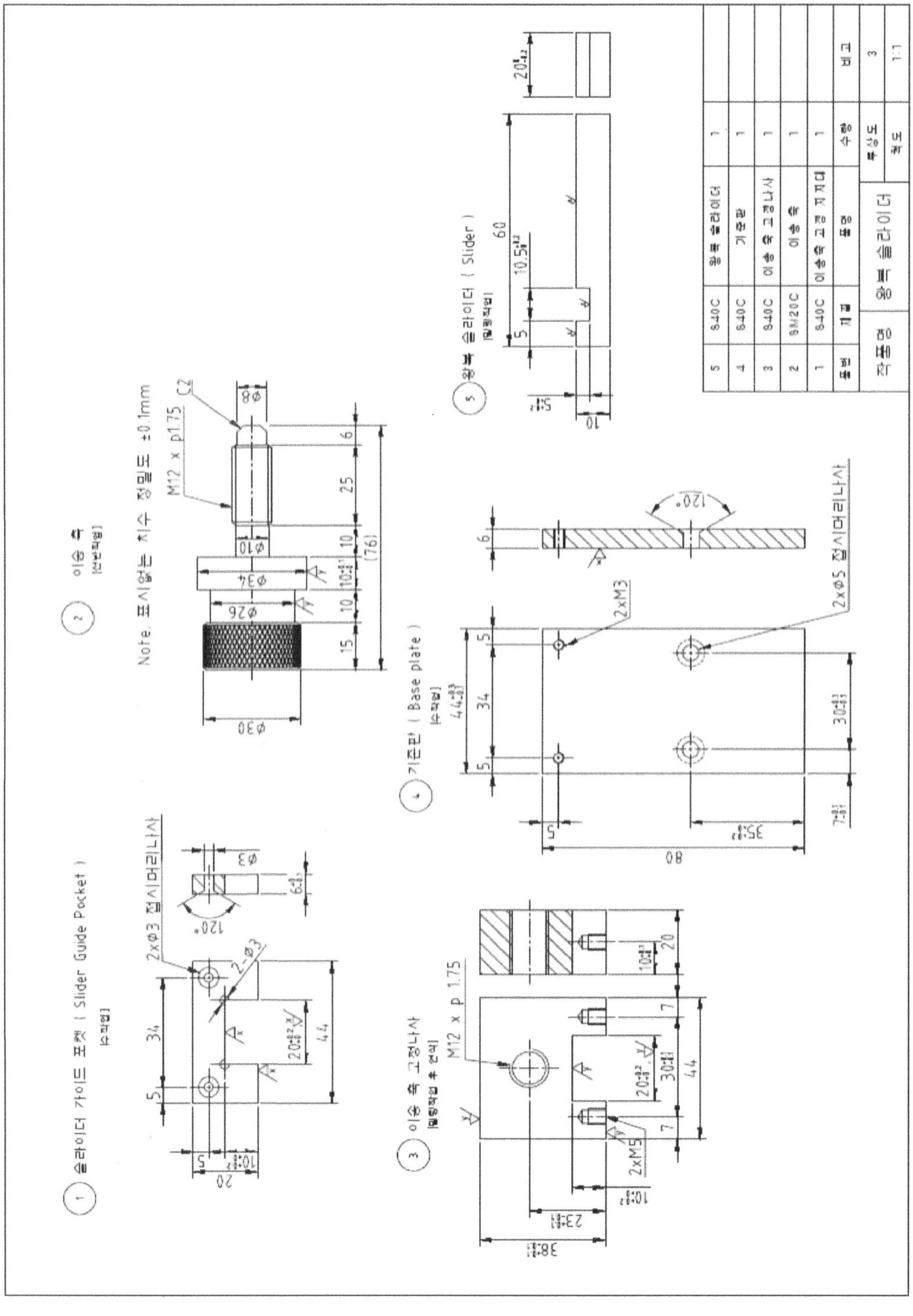

그림 1.5 슬라이더 작동기구의 제작도

1.2 도면의 이해

기계공학도는 반드시 제작도면을 잘 이해할 수 있어야 한다.

간단한 부품은 3차원 모형의 형태로도 제공 되지만, 일반적으로 "3각법"의 제도법에 따른다. 학생들은 이러한 도면을 보고 공정순서와 가공내용을 이해할 수 있어야 한다.

"KS 제도 규격"에 따라 2차원 도면을 작성하고 독해하는 능력을 충분히 갖추어야 한다.

그림 1.6의 제작도면을 충분히 이해할 수 있는지?

그림 1.7은 이해를 돕기 위해 삼각법으로 표시된 정면도, 우측면도, 평면도 그림이다.

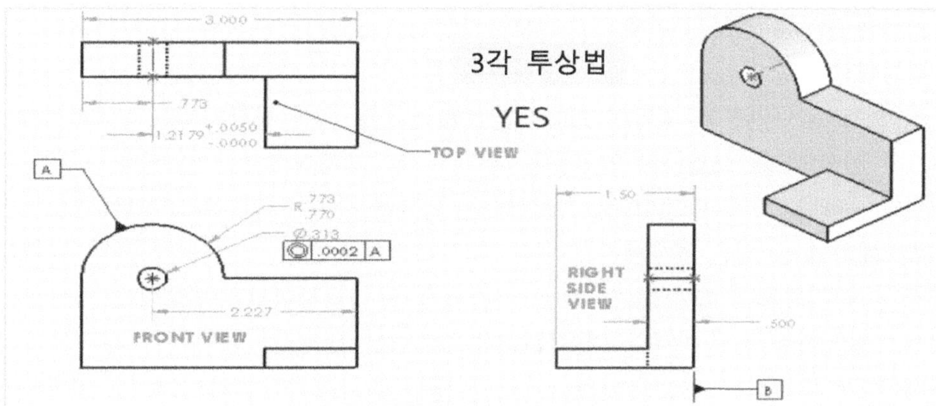

그림 1.6 삼각법으로 작도된 제작도면

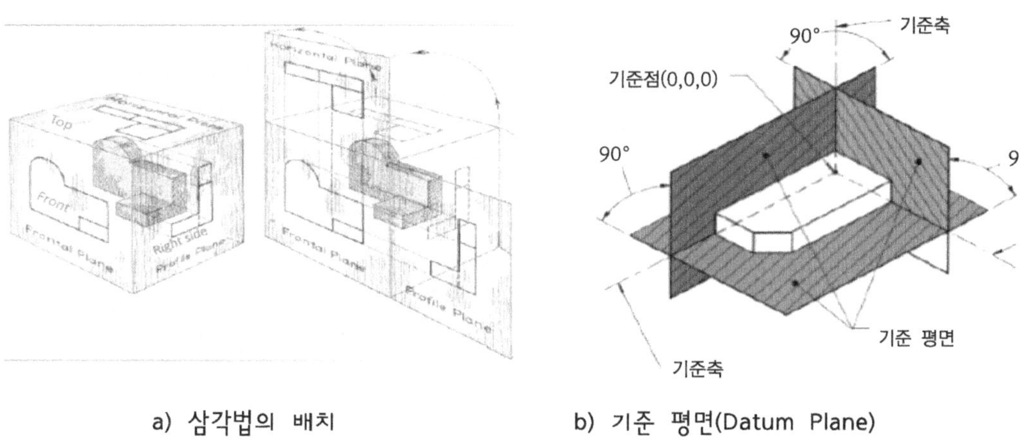

a) 삼각법의 배치

b) 기준 평면(Datum Plane)

그림 1.7 삼각법의 이해 Plane

1.3 실습실 안전[Safety Rules and Regulations]

기계 가공실습에서 공작기계를 작동할 때 심각한 부상이나 손상을 입을 수 있다.

학생들은 항상 안전을 최우선으로 생각하며 실습에 임하여야 한다. 공작기계를 작동하기 전에 운전방법을 숙지하고 확실하지 않은 것은 반드시 질문을 하여 심각한 손상을 사전에 예방할 수 있어야 한다.

1.3.1 안전을 위하여 지켜야 할 사항

1) 확실하게 모르는 사항은 언제든지 질문을 한다.
2) 실험실에서는 항상 보안 안경을 착용하여야 한다.
3) 안전 보호 장치(안전문, 안전판 등)가 완전히 설치된 후에 공작기계를 작동하여야 한다. 속도와 이송속도가 느리다고 안전문을 열어둔 채로 작동하여서는 안 된다.
4) 긴머리, 늘어진 소매, 목걸이 등이 회전하는 기계에 감기지 않도록 조심한다.
5) 긴팔소매의 옷을 입은 경우에는 소매를 걷어 올리도록 한다.
6) 공작 기계를 작동할 때는 반지, 시계, 목걸리 등을 착용하여서는 안된다.
7) 공작기계가 가동 중일 때에는 기계를 떠나서는 안된다.
8) 공작기계를 운전하는 사람이외에는 기계의 작동 및 스톱 스위치를 임의로 조작하여서는 안 된다.
9) 공작물을 고정하는 척의 주변에 척 렌치를 두어서는 안된다.
10) 항상 올바른 공구를 사용하여야 한다.
11) 사용하는 공구는 정위치에, 적정한 크기의 공구를 두어서 항상 사용하기 좋은 상태로 두어야 한다.
12) 기계를 작동하기 전에 사용한 공구에 의하여 기계가 손상되지 않도록 주위를 검사 받아야 한다.
13) 주변에 실습을 하고 있는 동료들의 안전에 대하여도 항상 주위를 기울여야 한다.
14) 기계의 고장이 발생한 경우에는 담당 조교에게 즉시 보고하여야 한다.

1.3.2 공작기계의 청소 및 공구의 반납

1) 공작기계를 사용한 마지막 학생 또는 실습그룹은 공작기계를 사용한 후에 반드시 청소를 깨끗이 하여 두어야한다.
2) 기계에 남아 있는 금속칩 또는 바닥의 칩은 브러쉬로 깨끗이 청소한다.
3) 사용한 공구는 원래의 위치에 둔다. 각 공작기계에 필요한 공구는 기계 옆에 위치한 캐비넷에 있다. 공구를 서로 빌려서 사용하여서는 안 된다.
4) 공구실에서 대여한 측정용 공구는 실습이 끝난 후, 반드시 반납하여야 한다.
5) 공구 및 기계가 손상 또는 고장이 발생한 경우에는 담당 조교에게 반드시 보고 하여야 한다.

1.3.3 실습 완료후 검사

실습을 완료하고 퇴실할 때는 담당 선생님에게 다음 내용에 대한 검사를 받은 후 퇴실하여야 한다.

1) 주어진 과제의 완성
2) 사용기계의 청소
3) 올바른 위치에 공구의 반납
4) 측정용 공구의 반납

연습문제[Lab Quiz]

이름 : ____________ 실습일자 및 시간 : ____________

학번 : ____________ 보고서 제출일 : ____________

1. 가공실험 실습실에서는 눈을 보호하기 위하여 반드시 (   ) 을 착용하여야 한다.

2. 사용하는 공작기계의 작동방법을 확실히 모르는 경우의 올바른 행동은?
   (   )

3. 기계가공 실험 실습 중에 가장 관심을 두어야 할 사항은 다음 중 어느 것인가?
   ① 주어진 과제의 신속한 수행 ② 공작기계의 청소
   ③ 안전 규정의 준수 ④ 좋은 평가를 받기위하여 열심히 과제를 수행한다.

4. 다음 내용중 맞는 내용은 "0" 표시, 틀린 내용은 "X" 표시를 하시오.
   ① 긴소매 옷과 목걸이를 착용하고 실습을 하여도 무방하다.
   ② 결혼반지와 시계는 착용을 하고 실습을 하여도 무방하다.
   ③ 기계가 작동 중일 때, 커피를 마시기 위하여 잠깐 자리를 비워도 된다.
   ④ 발가락이 나오는 샌들, 미끄러지기 쉬운 슬리퍼를 신고 실습을 하여도 좋다.
   ⑤ 실습이 끝 난후 에는 반드시 사용한 공작기계를 깨끗이 청소하여야 한다.
   ⑥ 공작기계의 이상이 발생한 경우 반드시 감독자에게 보고를 하여야 한다.
   ⑦ 실습실에서 안전 규정을 지키지 않은 경우 심각한 손상과 부상을 입을 수 도 있으며, 경우에 따라서는 사망할 수 도 있다.

5. 주위 동료의 안전을 위하여 실습실에서 지켜야 할 사항 한 가지를 적어보시오. (예, 기계를 작동하기 전에 기계 주위를 살펴본다.)

6. 무거운 물체를 들 때 올바른 방법을 고르시오.

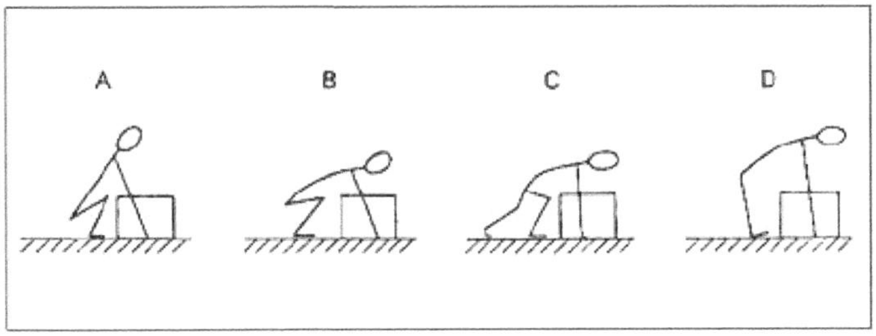

연습문제[Lab Quiz]

이름 :	실습일자 및 시간 :
학번 :	보고서 제출일 :

1. 그림 1.4에 있는 물체 (a), (b)을 "3각법"으로 제작도를 스케치 하시오.

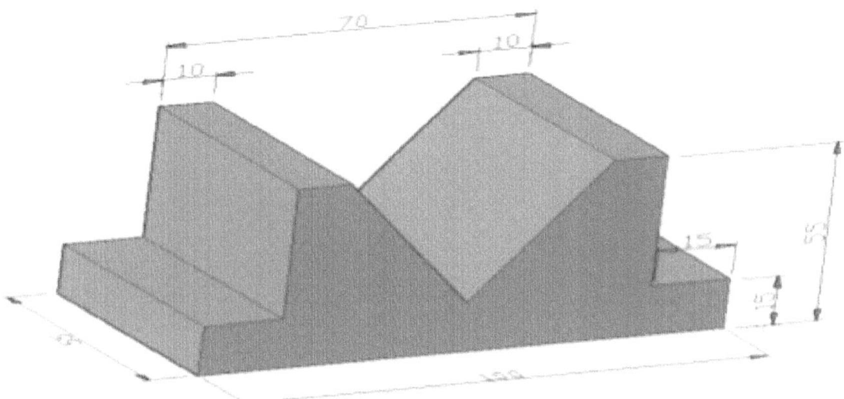

(a)

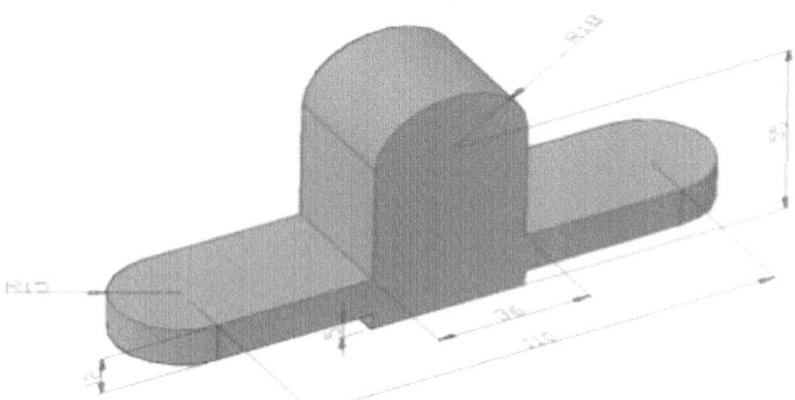

(b)

그림 1.8 삼각법 스케치 모델

2. 그림 1.9에 컵형 3차원 물체가 있다. (※ '제11장 판금전개도 실습' 작성법을 참고하시오)

1) 이 컵을 제작하기 위한 전개도를 그리시오.

2) 이 컵의 시제품의 생산방법, 가각 100개, 1000개을 생산한다고 가정한다면 생산방법 (절단, 굽힘, 접합 가공)과 생산비용을 줄일 수 있는 방안에 대해 귀하의 의견을 발표하시오.

- 컵의 치수 : 높이 100 mm, 상부지경 100 mm, 하부직경 50 mm

- 판재의 재질 : SUS 304, 두께(thickness) 0.2 mm

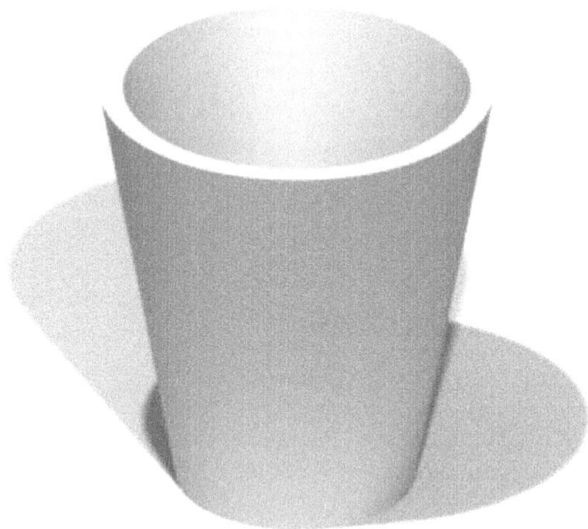

그림 1.9 전개도 과제 모형

2장

기계재료의 선택
(Selection of materials)

2.1 기계재료의 선택

기계부품에 사용된 재료는 실제 작동 조건에서 재료의 성질이 변하지 않고 일정한 성능을 발휘할 수 있어야 한다. 기계 부품의 재료는 다음 3가지 성질을 만족해야 한다.

2.1.1 기계적 성질

① 강도성질(strength properties)
② 연성 과 취성(ductility and brittleness)
③ 인성(toughness) ; 재료를 파괴하는데 단위부피당 일로 정의
④ 변형경화(strain hardening)
⑤ 부하의 제화의 반복(repeated loading and unloading)
⑥ 감쇠능(damping capacity)
⑦ 경도(hardness)

2.1.2 물리, 화학적 성질(무게, 열, 전기적인 성질, 형태 등)

기계가공에서 재료의 열전도도, 열팽창계수, 비중 등의 물리적인 성질을 잘 이해해야 한다. 특히 열전도도가 낮은 재료일수록 난삭재가 많다. 열전도도가 낮을수록 국부적으로 고온 현상으로 인해 절삭공구가 쉽게 마모된다.

비중은 기계제품의 전체무게를 무겁게 한다. 비중에 비해 강도가 높은 재질은 상대적으로 재료의 코스트가 높아지게 된다.

표 2.1~2.2에는 많이 사용하는 금속의 비중과 탄소강을 기준으로 같은 무게에 대해 강도를 비교해 놓았다. 티타늄은 같은 무게의 탄소강보다 3배이상 강도가 크다. 제품의 무게를 가볍게 하기 위해 티타늄제품을 사용하는 이유가 된다. 그러나 티타늄의 가격은 탄소강에 비교해 고가이고 가공이 어려워 가공비용이 높아지게 된다.

표 2.1 많이 사용되는 금속재료의 밀도

Density of Metals		
Metal	**lb/in³**	**g/cm³**
Magnesium	0.06	1.74
Aluminum	0.10	2.70
Titanium	0.16	4.51
Iron	0.28	7.87
Steel	0.28	7.87
Nickel	0.32	8.92
Copper	0.32	8.97

표 2.2 탄소강 비교 강도/중량 비

Strength-to-Weight Ratios compared to low-carbon steel	
Copper	58%
Aluminum	67%
Iron	87%
Low-carbon steel	100%
Nickel	141%
High-carbon steel	200%
Magnesium	259%
Titanium	300%

2.1.3 사용환경 과 관련된 성질(극 저온이나 극 고온에 작동할 수 있는 능력 또는 내부식성 등)

기계부품에는 금속재료(metallic materials) 뿐만 아니라 비철금속재료, 복합재료 등이 널리 사용되고 있다. 훌륭한 엔지니어가 되기 위해서는 다양한 재료에 관련된 많은 지식이 필요하다. 여기서는 실습과제를 수행하기 위해 필요한 강(steel)의 일반적인 특징을 살펴본다.

표 2.3 많이 사용되고 있는 기계 재료의 강도 성질 출처: AIDA Handbook (독일:Schuler사, 미국 : Bliss사)

재료명	전단강도(kg/mm²f) [τ]		인장강도(kg/mm²f) [σ]		물림율
	연질	경질	연질	경질	
납	2 ~ 3	—	2.5 ~ 4	—	50
주석	3 ~ 4	—	4 ~ 5	—	40
알루미늄	7 ~ 11	13 ~ 16	8 ~ 12	17 ~ 22	60 ~ 30
듀랄루민	22	38	26	48	—
아연	12	20	15	25	50 ~ 25
동	18 ~ 22	25 ~ 30	22 ~ 28	30 ~ 40	55 ~ 30
황동	22 ~ 30	35 ~ 40	28 ~ 35	40 ~ 60	50 ~ 20
청동	32 ~ 40	40 ~ 60	40 ~ 50	50 ~ 75	—

양은	28 ~ 36	45 ~ 56	35 ~ 45	55 ~ 70	—
은	19	—	26	—	—
열간압연강판 (SPC 1~3)	26 이상		28 이상		60 ~ 38
냉간압연강판 (SPC 1~3)	26 이상		28 이상		60 ~ 38
딮드로잉	30 ~ 35		30 ~ 35		60 ~ 38
구조용강판 (SS34)	27 ~ 36		27 ~ 36		40 ~ 28
구조용강판 (SS41)	33 ~ 42		33 ~ 42		40 ~ 28
강(Steel) 0.1%C	25	32	32	40	50 ~ 38
강(Steel) 0.2%C	32	40	40	50	40 ~ 28
강(Steel) 0.3%C	36	48	45	60	33 ~ 22
강(Steel) 0.4%C	45	56	56	72	27 ~ 17
강(Steel) 0.6%C	56	72	72	90	20 ~ 9
강(Steel) 0.8%C	72	90	90	110	15 ~ 5
강(Steel) 1.0%C	80	105	100	130	10 ~ 2
규소강판	45	56	55	65	30
스테인리스강판	52	56	65 ~ 70	—	—
니켈	25		44 ~ 50	57 ~ 63	55
열경화성수지	10 ~ 13		—		—

2.2 재료의 기계적 성질

기계공작실습과제와 관련된 온도에 따른 경도 및 강도의 특성이다.

재료의 강도는 일반적으로 인장강도 실험을 통해 재료의 응력-변형도 곡선을 통해 강도 성질을 이해할 수 있다.

2.2.1 인장시험에서 응력 변형도 선도

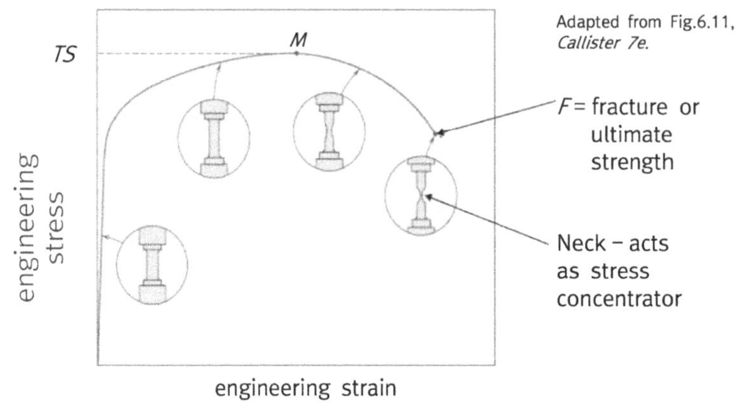

그림 2.2 재료의 인장강도 실험 응력 변형도 선도

2.2.2 온도에 따른 재료의 경도(hardness)와 강도(strength)

일반적으로 경도와 강도는 비례한다.

재료는 온도가 증가하면 경도와 강도가 감소하며 연성은 증가하는 경향이 있다. 특히 고온에서 경도 유지가 필요한 경우에는 고온경도가 중요한 성질이 된다. 공구재료는 고온에서 경도를 유지할 수 있어야 한다. 고온에서 연성이 증가하는 성질을 이용해서 열간소성가공을 하게 된다. 온도에 따른 재료의 경도와 강도 성질을 아래 그림에 나타내었다.

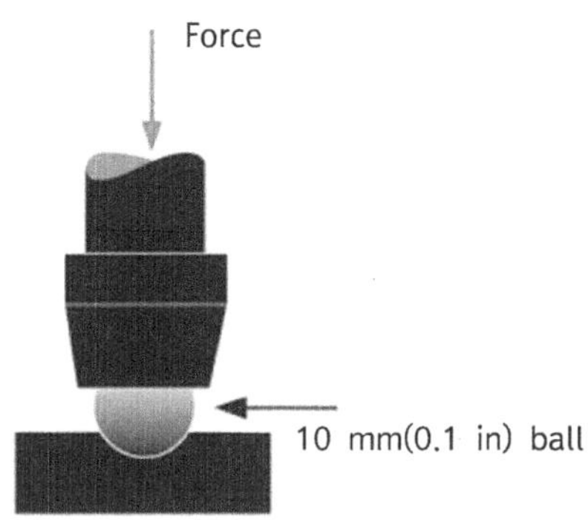

그림 2.3 브리넬 경도의 측정원리

표 2.4 주요공구 재질의 비커스 경도

Hardness Comparison	
Material	Vickers Hardness
Gray cast iron	196
High-carbon steel	222
Tool steel	800
Alumina	2200
Tungsten carbide	2600
Natural diamond	10000

2.2.3 연성(ductility)과 취성(brittleness)

금속재료는 연성이 증가하면 취성이 감소되는 경향이 있다. 경도가 높으면 취성이 증가한다. 공구재료 중 초경합금 재질은 고속도강에 비교해 경도가 높지만 취성이 강하다. 충격력이 작용한 곳에는 고속도강의 공구를 사용하는 이유이기도 하다.

응력 변형도 곡선아래의 면적이 클수록 에너지 흡수율이 높아 연성이 크게 된다.

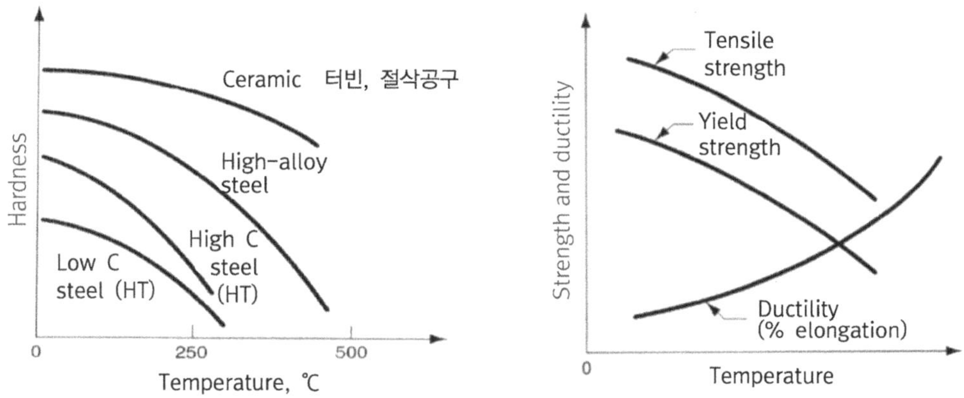

a) 경도(hardness) b) 강도(strength) 및 연성(ductility)

그림 2.4 온도에 따른 재료의 경도, 강도 및 연성

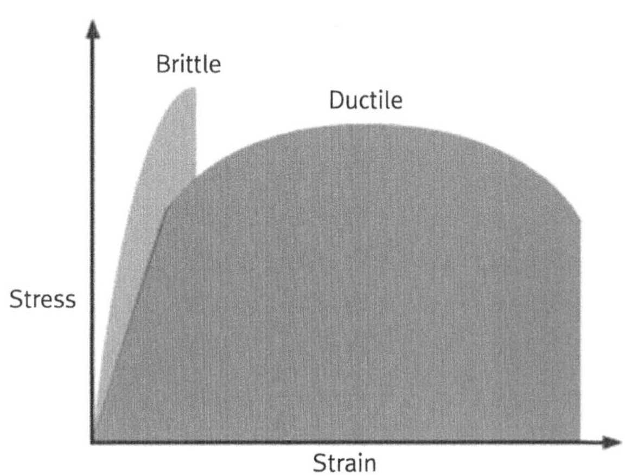

그림 2.5 연성(ductility)과 취성(brittleness)

2.2.4 신뢰성에 영향을 미치는 기계적 성질

1) 피로(Fatigue) : 반복 응력
2) 크리프(creep) : 소재가 정하중이 가해진 상태로 장시간 방치하면 소재의 변형이 계속되는 현상
3) 충격 : 노치(notch)에 민감
4) 잔류응력(residual stress) : 응력제거 및 풀림처리가 필요

2.3 철강의 분류와 특징

2.3.1 탄소 함유량에 따른 철강의 분류

• 철강의 분류

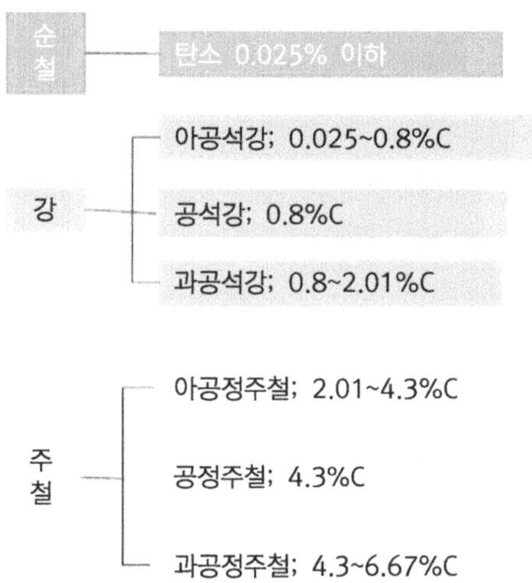

• 탄소량에 따른 항복강도의 변화

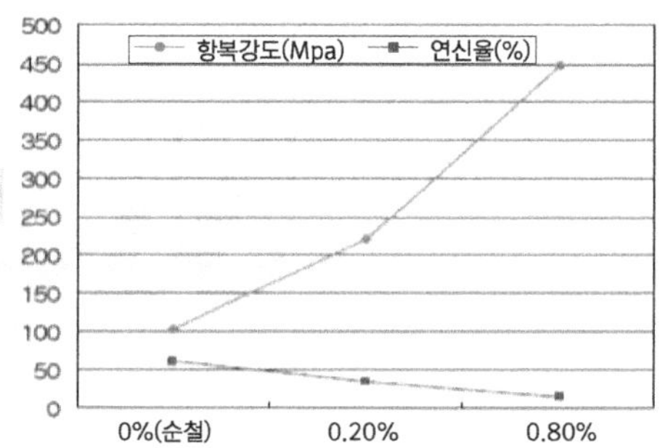

탄소량(Wt)	항복강도 (Mpa)	연신율(%)
0%(순철)	103	62
0.2%	220	35
0.8%	448	14

2.3.2 주철(cast iron)

탄소를 2.11%이상 함유한 철-탄소 합금을 주철이라고 한다. 비교적 저렴하고 유동성이 좋으며 액상선의 온도가 낮기 때문에 쉽게 주조된다.

2.3.3 KS 분류에 의한 탄소강의 종류와 성질

(1) 일반 구조용 강재(SS재)

표시방법 및 기계적 성질을 아래에 나타냈다.

인장강도의 최저치가 규정되어 있다.

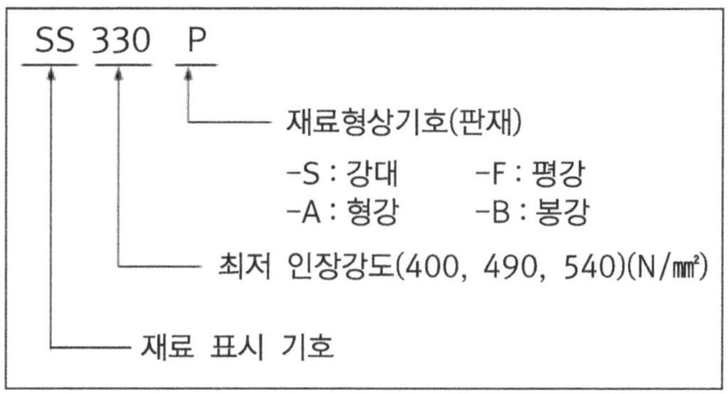

a) 표시 방법

종류	기호	항복강도(N/mm²)		인장강도 (N/mm²)	연신율(%)	
		16t 이하	16t 초과 40t 이하		5t 이하	5t 초과 16t 이하
1종	SS330	205	195	330~430	26 이상	21 이상
2종	SS400	245	235	400~510	21 이상	17 이상
3종	SS490	285	275	490~610	19 이상	15 이상
4종	SS540	400	390	540이상	16 이상	13 이상

b) 기계적 성질

(2) 기계 구조용 탄소 강재(SM__C)

1) 특징

강괴로부터 열간 단조 또는 압연에 의해 만들어진 소재

각종 기계 부품용 재료로 많이 사용한다. 담금질 등의 열처리를 하여 사용한다.

탄소함유량(0.08~0.61%)로 규정되어 있다.

2) 표시방법 및 기계적 성질

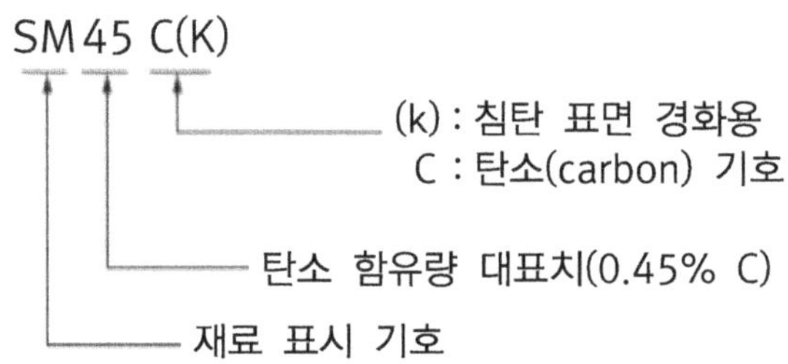

a) 표시방법

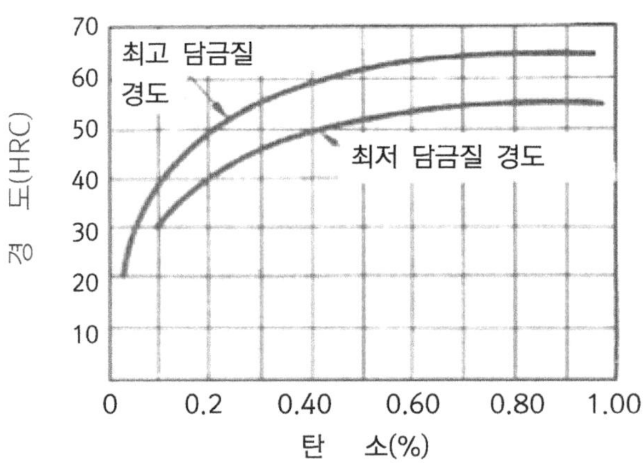

b) 탄소성분에 따른 담금질 경도

표 2.5 구조용 탄소강의 기계적 성질

종류	열처리 조건(℃)		기 계 적 성 질					
	담금질	뜨임	항복강도 (N/mm^2)	인장강도 (N/mm^2)	연신율 (%)	단면 수축율(%)	샤르피 충격치	경도 (HB)
SM9CK	880~920 750~800	150~200 (공냉)	25이상	40이상	23이상	55이상	14이상	121~179
SM15CK	870~920 750~800	150~200 (공냉)	35이상	50이상	20이상	50이상	13이상	143~235
SM20CK	870~920 750~800	150~200 (공냉)	40이상	55이상	18이상	45이상	12이상	154~241
SM30C	850~900	550~650 (급냉)	34이상	55이상	23이상	57이상	11이상	152~212
SM35C	840~890	550~650 (급냉)	40이상	58이상	22이상	55이상	10이상	167~235
SM40C	830~880	550~650 (급냉)	45이상	62이상	20이상	50이상	9이상	179~255
SM45C	820~870	550~650 (급냉)	50이상	70이상	17이상	45이상	8이상	201~269
SM50C	810~860	550~650 (급냉)	55이상	75이상	15이상	40이상	7이상	212~277
SM55C	800~850	550~650 (급냉)	60이상	80이상	14이상	35이상	6이상	229~285

(3) KS 규격으로 분류하고 있는 다양한 강재의 종류와 기호표시

표 2.6 KS 규격에서 다양한 재료의 기호표시법

명 칭	기 호	명 칭	기 호
회 주철품	GC100, GC150 GC200, GC250	탄소 탄강품	SF390A, SF440A SF490A
탄소 주강품	SC360, SC410 SC450, SC480	청동 주물	CAC402
인청동 주물	CAC502A CAC502B	알루미늄 합금주물	AC4C, AC5C
침탄용 기계구조용 탄소강재	SM9CK SM15CK SM20CK	기계구조용 탄소강재	SM25C, SM30C, SM35C, SM40C SM45C
탄소공구강 강재	STC35, STC90 STC105, STC120	탄소 공구강	SK3
함금공구강	STS3, STD4	화이트메탈	WM3, WM4
크롬 몰리브덴강	SCM415, SCM430 SCM435	니켈 크롬 몰리브덴강	SNCM415, SNCM431
니켈 크롬강	SCM415, SCM430 SCM435	스프링강재	SPS6, SPS10
스프링강	SVP9M	스프링용 냉간압연강재	S55C-CSP
피아노선	PW1	일반 구조용 압연강재	SS330, SS440 SS490
알루미늄 합금주물	ALDC6, ALDC7	용접 구조용 주강품	SCW410, SCW450
인청동 봉	C5102B	인청동 선	C5102W

연습문제[Lab Quiz]

이름 : ______ 실습일자 및 시간 : ______
학번 : ______ 보고서 제출일 : ______

1. 다음은 금속 재료의 표시기호이다. 간단히 설명하시오.
   1) "SM 45 C" :
   2) "SS 330" :
   3) "SPS 6" :

2. 다음 재료의 탄소함유량을 적으시오.
   1) 강(Steel)
   2) 주철(Cast iron)

3. 재료의 연성(ductility)과 취성(brittleness)이란 무엇이며, 취성이 큰 재료의 사용상 문제점을 설명하시오.

4. 다음 금속 중에서 가장 비중이 큰 것 순으로 정리하시오.
   1) 마그네슘(Magnesium) 2) 동(Copper) 3) 니켈(Nickel) 4) 강(Steel)

5. 다음 재료 중에서 경도가 높은 순으로 정리하시오.
   1) 텅스텐 카아바이드(Tungsten carbide)
   2) 다이아몬드(Diamond)
   3) 회 주철(Gray cast iron)
   4) 고 탄소강(High carbon steel)

3장

절삭가공 기초

3.1 절삭가공 개요

3.2 절삭가공 방식

3.3 공구의 마모

3.4 공작물 고정구(Fisture)와 드릴 지그(Jig)

3.1 절삭가공 개요

기계부품을 소요 형상으로 제작하기 위해 절삭가공방식을 많이 사용된다. 절삭가공은 공구와 공작물의 상대운동을 이용해 공작물에 칩(chip)을 발생시켜 소요형상으로 가공하는 방법이다. 정밀한 가공이 필요한 금형 제작, 주조부품, 소성가공 부품의 마무리 정밀 가공 등에 널리 사용한다. 길이 치수 및 형상 공차를 정밀하게 제작할 때 절삭가공방식을 많이 사용한다. 절삭가공과 기계가공이라는 용어가 동의어로 사용되는 경우가 많다.

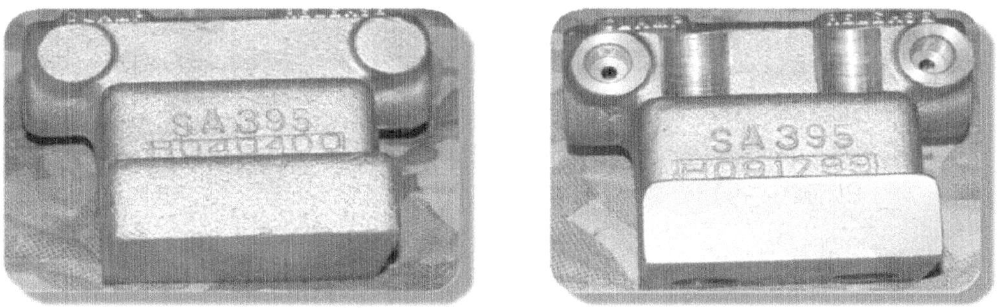

a) 주조부품 b) 구멍 및 평면의 절삭가공 부품

그림 3.1 주조부품의 기계가공(출처"SME, Tooling University")

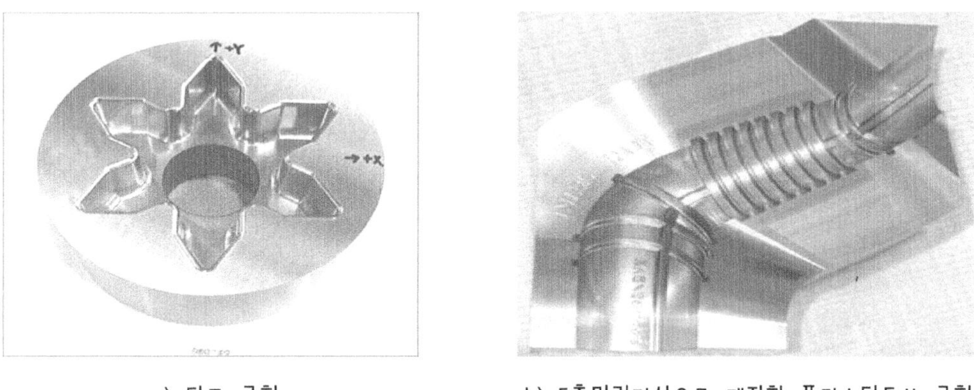

a) 단조 금형 b) 5축밀링머신으로 제작한 플라스틱튜브 금형

그림 3.2 절삭가공의 예("mori selki회사 카타로그")

a) 선삭에서 칩의 발생

b) 밀링가공에서 칩의 발생(엔드밀 공구)

그림 3.3 칩의 발생(출처 "SME, Tooling University")

공작물을 효율적으로 절삭가공하기 위해서는 다음조건들을 고려해야 한다.

- 부품의 형상 가공에 적절한 공작기계의 선정
- 공작물에 조화되는 공구의 선정(공구의 재질, 공구의 형상)
- 합리적인 절삭조건의 결정(절삭속도, 이송, 물림율)
- 공작물 고정구(Fixture)와 지그(Jig)의 설치
- 기타(절삭유의 사용, 전용공구의 제작 등)

제품의 정밀도, 절삭 작업능률을 향상시키기 위해서는 절삭현상에 대한 깊은 이해가 필요하며, 절삭이론을 체계적으로 학습하는 것이 중요하다. 대부분의 교육과정에서는 절삭이론에 대한 교과목이 개설되어 있다.

기계가공법은 실험적인 관찰에 기초를 두고 있다. 학생들은 여기에서 제시된 부품을 직접 가공하면서 얻은 경험 및 현상을 분석하므로 서 기계부품의 제작공정을 잘 이해하게 될 것이다.

3.2 절삭가공 방식

3.2.1 다양한 절삭가공 방식

전통적인 절삭가공방식으로는 그림 3.4와 같이 선반, 밀링, 드릴링, 톱, 연삭 등이 있다.

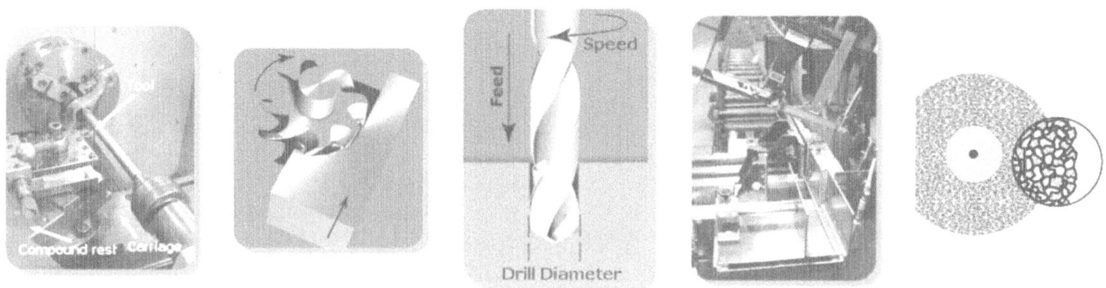

a) 선삭 b) 밀링 c) 드릴링 d) 톱 e) 연삭

그림 3.4 절삭가공의 종류

3.2.2 절삭에서 주요 변수

효율적인 절삭가공을 위해서는 적절한 절삭조건(절삭속도, 이송, 물림깊이)을 적용해야 한다.일반적인 경우에는 사용 공구의 종류와 공작물의 재질에 따라서 결정된다.

(1) 절삭속도 : 공작물과 공구의 상대속도

$$v = \frac{\pi d n}{1000} \tag{2-1}$$

여기서, v : 절삭 속도(m/min)

d : 공작물 또는 공구(드릴직경,밀링 커터의 지름)(mm)

n : 커터의 회전수(rpm)

(2) 이송 : 연속적인 절삭과정이 이루어지는 속도, 보통 공작물 또는 공구의 1회전당 이송길이로 나타낸다.

(3) 물림깊이(절삭깊이)

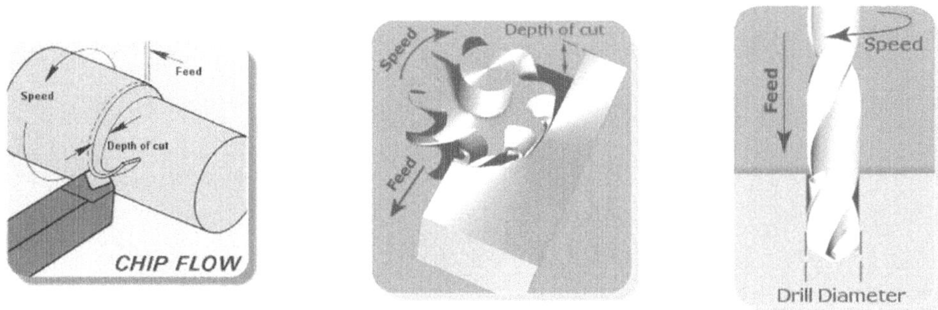

a) 선삭에서 절삭조건 b) 밀링에서 절삭조건 c) 드릴에서 절삭조건

그림 3.5 절삭조건(절삭속도, 이송, 절삭깊이)

(4) 절삭율(MRR: Metal Removal Rate)

경제적인 절삭을 위해서는 단위시간당 많은 칩을 배출해야 한다. 이것은 보통 절삭율(MRR: Metal Removal Rate)로 표현한다.

절삭율(MRR) = 절삭된 부피/단위시간

절삭율이 클수록 생산성이 높아지게 된다. 주로 공작기계의 강성에 따르지만, 적절한 절삭조건과 공구의 선정에 따라 생산성을 높일 수 있다.

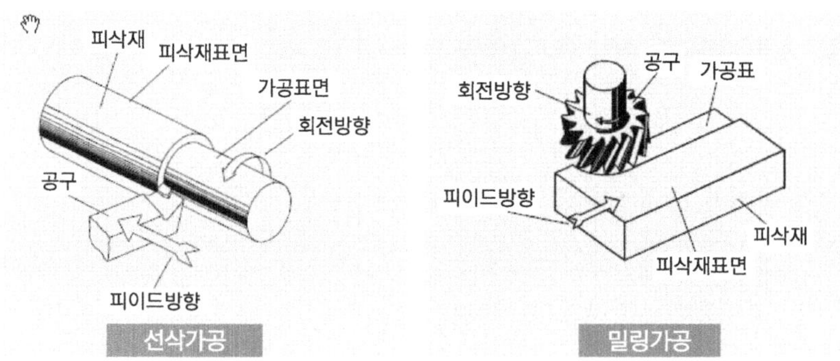

$$v = \frac{\pi DN}{1000}$$

$$\mathrm{MRR} = vfd[\mathrm{cm^3/min}] \qquad MRR = d_a d_r f[cm^3/\mathrm{min}]$$

그림 3.6 절삭속도와 절삭율(출처, “KAIST, 기계공작실습”)

(5) 절삭시간(Cutting time: tc)

절삭시간 = 절삭길이/공구의 이송속도

$$t_c = \frac{\pi DL}{vf}$$

여기서:

t_c = machining time (min/piece)

L = length of workpiece (mm)

D = diameter of workpiece (mm)

v = cutting speed (mm/min)

f = feed rate (mm/rev)

3.3 공구의 마모

3.3.1 공구마모의 형태

공구는 공작물과 접촉하면서 공구의 날 끝에서는 대단히 큰 압력과 높은 온도에 노출된다. 이러한 상태에서 공구는 급격히 마모가 발생한다. 공구가 공작물에서 요구하는 정밀도를 구현할 수 없으면 공구의 수명이 다하게 된다.

소성가공에서 열의 발생

- 소성가공의 단위체적당 일 : 응력과 변형률의 곱으로 나타난다.
- 온도의 상승은 밀도 와 체적비열에 반비례한다.
- 열전도도와 절삭온도와의 관계 : 열전도도가 낮을수록 절삭온도는 상승한다.

일반적으로 공구의 수명은 절삭속도와 밀접한 관계가 있다. 절삭속도의 증가에 따라 절삭면의 온도가 상승하게 되고 공구는 높은 온도와 압력에 따라 경사면과 경계면에서 마모가 발생하게 된다. 그림 3.7은 절삭과정에 발생한 공구의 온도분포이다.

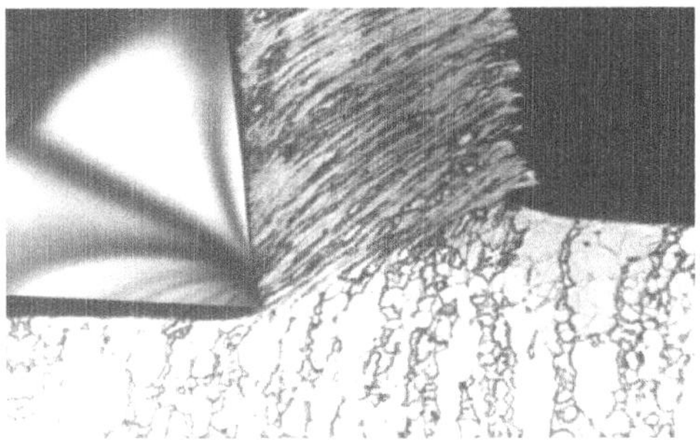

a) 절삭과정에서 공구의 날 끝에 높은 압력이 작용하고 있음을 볼 수 있다.(광탄성 실험에서 그림자 무늬의 곡률이 작을수록 큰 응력 상태에 있게 된다.)

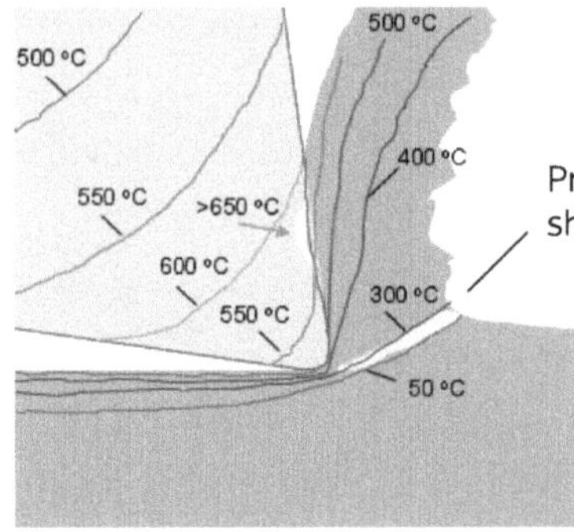

b) 고속도강으로 연강을 절삭하는 경우 날끝 등온곡선(날끝에서 높은 온도분포를 나타내고 있다. 최고 온도의 위치를 확인하라.)

그림 3.7 절삭과정에서 공구의 온도와 압력

일반적으로 강을 절삭할 때, 배출되는 칩의 색깔로 절삭온도를 추정할 수 있다.

- 칩의 색깔이 불변인 경우 : 〈 200℃
- 칩의 색깔이 청색 또는 갈색으로 산화막이 생기는 경우: 250℃~350℃
- 불꽃이 튀는 경우 : 〉 650℃

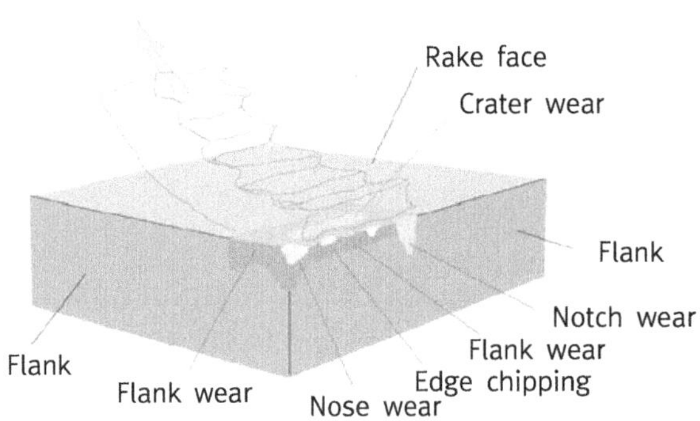

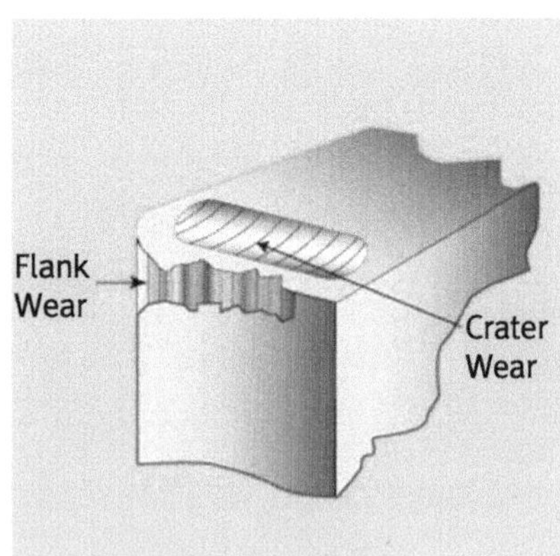

그림 3.7 경사면(Crater wear)과 여유면(Flank wear)에서의 공구마모

일반적으로 공구수명의 판정은 다음과 같이 한다. 크레이터 마모의 측정보다 플랭크면 마모(VB)의 측정이 보다 용이하다. 아래는 일반적인 공구수명이다. 치수 정밀도가 요구되는 경우에는 아래의 기준은 보다 더욱 엄격하게 적용한다.

1) 고속도강, 세라믹 공구
- 정상적인 절삭이 어려운 파손
- 플랭크 마모길이(VB) = 0.3 mm

2) 초경공구
- 정상적인 절삭이 어려운 파손
- 플랭크 마모길이(VB) = 0.3 mm(마모 부위가 균일한 경우)
- 플랭크 마모길이(VB) = 0.6 mm(마모 부위가 불균일 하는 경우)

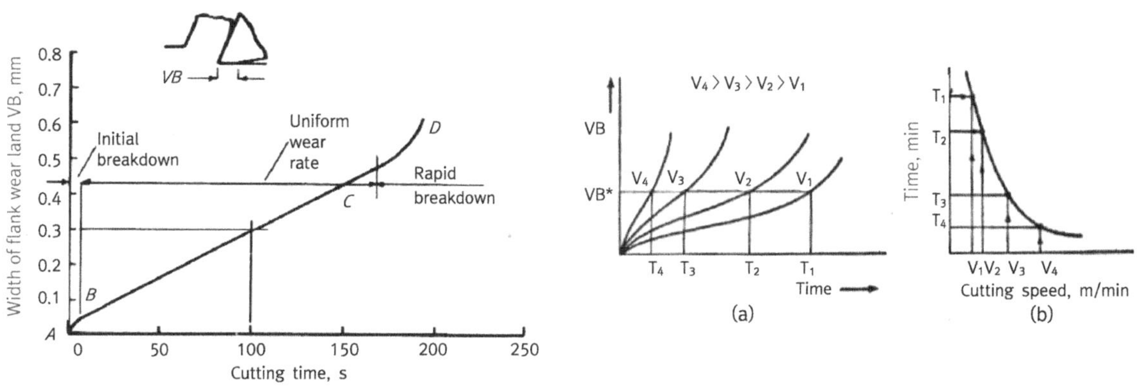

a) 절삭시간에 따른 플랭크면의 마모　　　b) 공구수명과 절삭속도(V*:기준공구수명)

그림 3.9 절삭시간, 절삭속도에 따른 플랭크(flank)면의 마모

3.3.2 테일러의 절삭공구수명방정식

절삭공구의 수명방정식으로 테일러의 공구수명방정식이 잘 알려져 있다. 테일러의 공구수명방정식은 실험에 의해 얻을 수 있으며 논리적으로 유도되는 것은 아니다. 테일러의 많은 실험 결과 절삭공구의 수명은 절삭속도와 지수함수적인 관계가 있음을 발견하였다. 테일러의 공구수명 방정식은 다음과 같다.

$$VT^n = C$$

여기서 V : 절삭속도(m/min), T : 공구수명(mim), n : 공구와 공작물에 따르는 상수, C :상수는 실험값으로 구한다.

그림 3.10은 다양한 공구재료에 대한 공구수명방정식 그래프이다. 그래프에서 기울기가 완만할수록 절삭속도에 대한 공구수명의 영향이 작게 된다. 그림 3.10 의 (a)는 초경합금 (e) 는 고속도강에 대한 실험값이다.

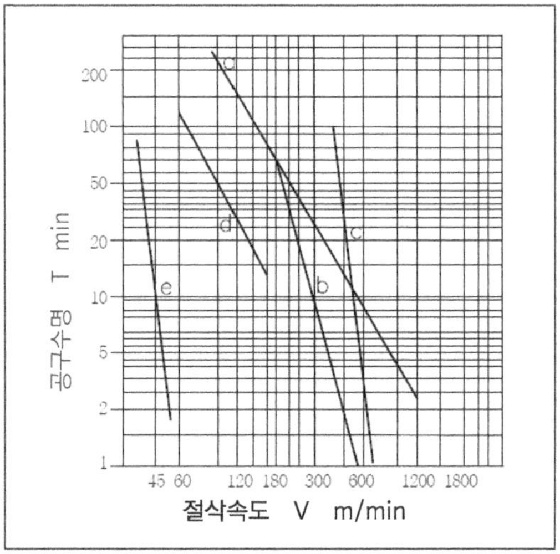

그림 3.10 다양한 공구의 공구수명

3.3.3 공구의 주요 각

절삭공구에서 공구의 경사면과 이루는 경사각(rake angle)이 가장 중요한 역할을 한다. 공구의 경사각이 크게 되면 절삭저항이 감소하게 된다. 그러나 경사각이 크게 되면 공구 날끝의 질량이 감소해 공구의 강성이 감소하고 공구의 마모가 빠르게 진행된다.

초경합금 공구는 취성이 강하므로 공구 수명을 고려해서 부(Nagative)의 경사각을 사용하기도 한다.

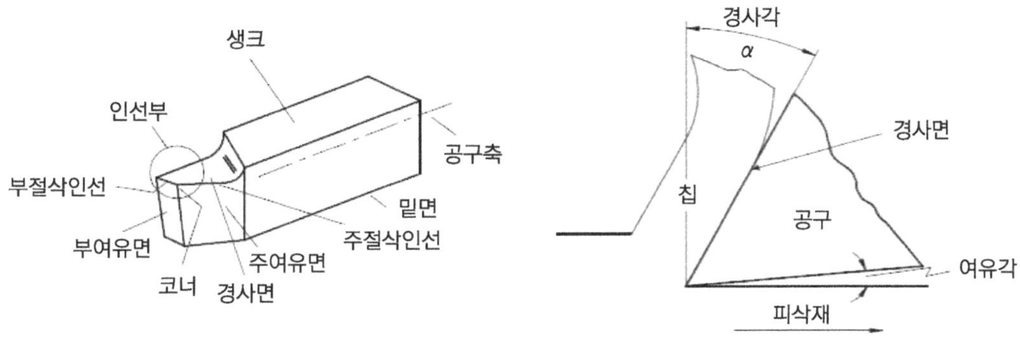

a) 단인공구의 명칭(선삭) b) 공구의 경사각과 여유각

그림 3.11 공구의 명칭과 경사각

공구의 여유각은 공구와 절삭면과 공구의 접촉이 되지 않도록 되어있다. 공구의 여유각은 보통 10도 내외로 한다.

공구의 형태는 2차원 형태가 아니라 3차원의 복잡한 기하학적 형상을 갖고 있다. 보다 전문적인 내용은 절삭가공과 관련된 내용을 참고하면 된다.

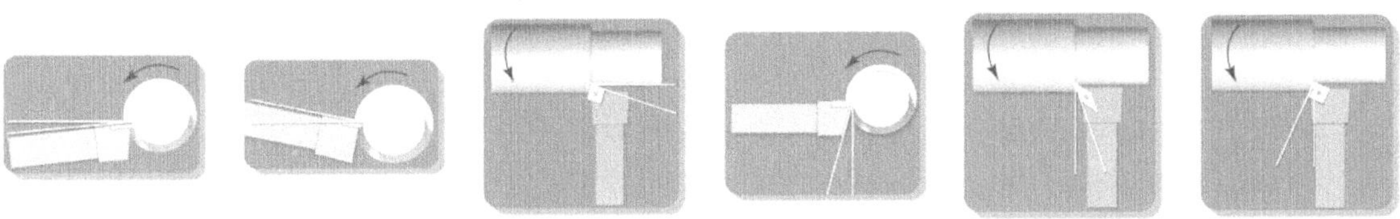

"+" 경사각 "-"경사각 측면여유각 정면여유각 "-"설치각 "+"설치각

a) 공구의 경사각 b) 공구의 여유각 c) 공구의 설치각

그림 3.12 공구의 경사각, 여유각, 설치각

3.3.4 공구의 재질

가장 널리 사용되고 있는 공구재질은 초경합금, 고속도강이다. 최근에는 알루미늄의 정밀가공을 위해 다이아몬드 공구를 사용한다. 난삭재의 고속가공을 위해 세라믹 공구도 많이 사용한다. 엔드밀, 트위스트 드릴과 같은 복잡한 형상에는 고속도강이 주로 사용되고 있다. 초경합금 재질은 인서트 형식으로 주로 사용된다. 이외에도 세라믹, 다이아모든, CBN(Cubic Born Nitride) 등이 있다.

a) 고속도강 공구　　b) 선반용 초경합금 인서트　　c) 밀링용 초경합금 인서트

그림 3.13 널리 사용되고 있는 공구재질과 사용 예

공구에서 가장 중요한 기계적 성질은 고온경도(hot hardness)이다. 고온경도가 우수한 재질일수록 우수한 공구재질이라 할 수 있다.

경도가 높은 공구재질일 수록 가격이 비싸다. 그러나 일반적으로 경도가 높을수록 취성이 크므로 상대적으로 공작기계의 높은 강성이 요구된다. 경도가 높은 공구로 절삭속도를 증가하면 절삭율이 증가해 생산성이 높아지지만 공작기계의 비용이 증가하게 된다.

초경합금공구는 탄화텅스텐(WC) 분말과 코발트(Co)을 접합제로 소결하여 제작한다. 초경합금공구에 절삭성을 향상시키기 위해 여러 가지 특수원소와 합금으로 만들어 성분에 따라 다양한 종류가 있다.

초경합금공구는 내마모성을 증가시키기 위해 코팅공구로서도 많이 사용되고 있다. 초경합금 공구의 기저(base)는 흑회색이지만 코팅공구의 표면은 금(gold)색깔이다.

공작물에따른 적절한 초경합금 인서트의 선택은 표 2.1을 참고하기를 바란다.

이외에 초경합금공구에 대한 정보는 공구제조업자의 카타로그를 활용하면 좋을 것이다.

표 3.1 공구재질의 경도와 인성

Hardness Comparison	
Material	**Vickers Hardness**
Gray cast iron	196
High-carbon steel	222
Tool steel	800
Alumina	2200
Tungsten carbide	2600
Natural diamond	10000

Cutting Material Comparisons		
Greater Hardness ↓	Carbon Tool Steels	↑ Greater Toughness
	High-Speed Steels	
	Cast Alloys	
	Carbides	
	Ceramics	
	Cubic Boron Nitride	
	PCD Diamond	
	Single Crystal Diamond	

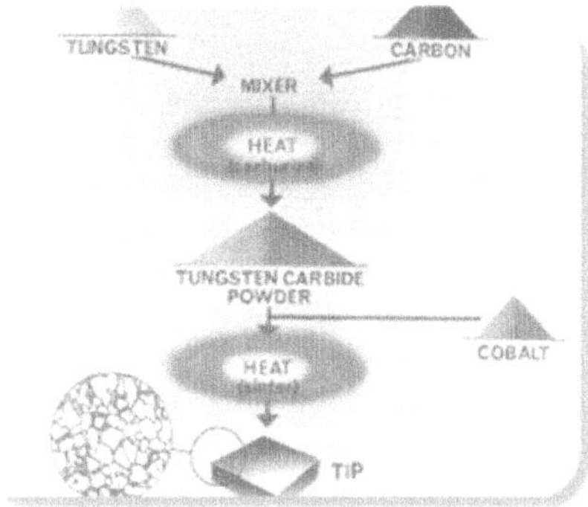

a) 초경합금 공구의 제조과정

b) 초경합금 공구의 인서트 형태

그림 3.14 초경합금 공구의 제조과정과 인서트

표 3.2 초경합금 공구의 분류와 용도

<table>
<tr><th colspan="4">Greatest Hardness</th></tr>
<tr><td colspan="2" rowspan="6">Ferrous Metals (Long Chips)</td><td>P01</td><td>Finishing</td></tr>
<tr><td>P10</td><td></td></tr>
<tr><td>P20</td><td></td></tr>
<tr><td>P30</td><td></td></tr>
<tr><td>P40</td><td></td></tr>
<tr><td>P50</td><td>Roughing</td></tr>
<tr><td colspan="2" rowspan="4">Ferrous Metals (Long or Short Chips)</td><td>M10</td><td>Finishing</td></tr>
<tr><td>M20</td><td></td></tr>
<tr><td>M30</td><td></td></tr>
<tr><td>M40</td><td>Roughing</td></tr>
<tr><td rowspan="5">Ferrous Metals (Short Chips)</td><td rowspan="5">Nonferrous Metals</td><td>K01</td><td>Finishing</td></tr>
<tr><td>K10</td><td></td></tr>
<tr><td>K20</td><td></td></tr>
<tr><td>K30</td><td></td></tr>
<tr><td>K40</td><td>Roughing</td></tr>
<tr><th colspan="4">Greatest Toughness</th></tr>
</table>

1) P01에서 K40 방향(아래 방향)으로는 이송속도 증가, 이와는 반대로 위로 갈수록 절삭속도의 증가할 수 있다.

2) 아랫방향으로 갈수록 접합재료인 코발트(Co)의 함유량이 높아진다.

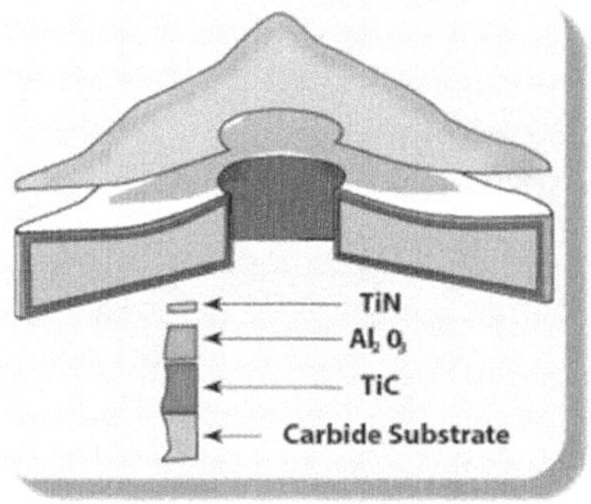

a) 코팅용 초경합금 공구
출처,"SME,Tooling Univ."

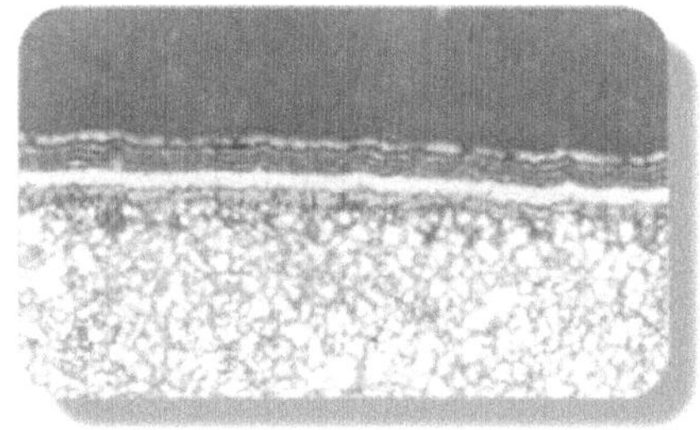

b) 초경합금공구 코팅 단면
출처,"SME,Tooling Univ."

그림 3.15 코팅용 초경합금 공구의 단면

그림 3.16은 초경합금 공구의 형상에 따른 분류이다. 많은 형상을 분류하기 위해 분류기호로 표현한다. 분류기호의 표시법에 대해 설명해 두었다.

a) 초경합금공구의 형태에 따른 분류 기호

LETTER	SHAPE	DESCRIPTION	
A		PARALLELOGRAM	85°
B		PARALLELOGRAM	82°
C		DIAMOND (RHOMBIC)	80°
D		DIAMOND (RHOMBIC)	55°
E		DIAMOND (RHOMBIC)	75°
H		HEXAGON	120°
K		PARALLELOGRAM	55°
L		RECTANGLE	90°
M		DIAMOND (RHOMBIC)	86°
O		OCTAGON	135°
P		PENTAGON	108°
R		ROUND	
S		SQUARE	90°
T		TRIANGLE	60°
V		DIAMOND	35°
W		TRIGON	80°

b) 형상 및 기호, 우측 (a)그림의 첫 글자 "S"는 Square(사각)형상을 의미한다.

그림 3.16 초경합금 공구의 분류기호

3.3.5 초경합금 인서트용 선반 툴 홀더

인서트 형태의 초경합금 공구는 인서트를 적절하게 고정할 수 있는 툴 홀더(Tool holder)가 표준화 되어있다. 그림 3.17은 선삭용 툴 홀더의 형태와 규격 표시법이다. 초경합금 인서트의 형상은 툴홀더와 반드시 일치해야 한다. 인서트의 형상에 대한 기호는 그림 3.17 b)에 있다.

인서트의 클램핑 방식은 그림 3.18에 있다. 인서트의 고정방식에 따라 고정력의 강도가 다르게 된다.

a) 툴홀더의 생크 부분의 분류기호가 있다.

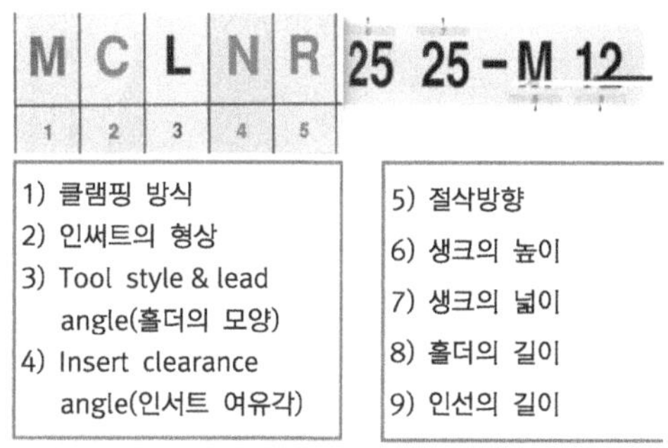

b) 툴 홀더의 기호 표시

그림 3.17 선삭용 툴 홀더의 규격

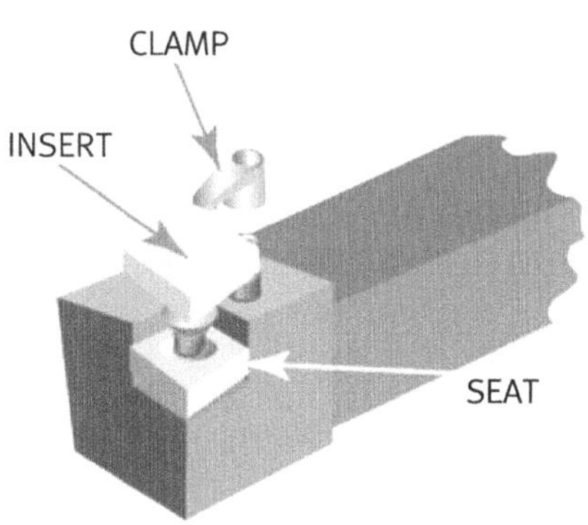

a) Single clamp: 중간에 홀이 없다.

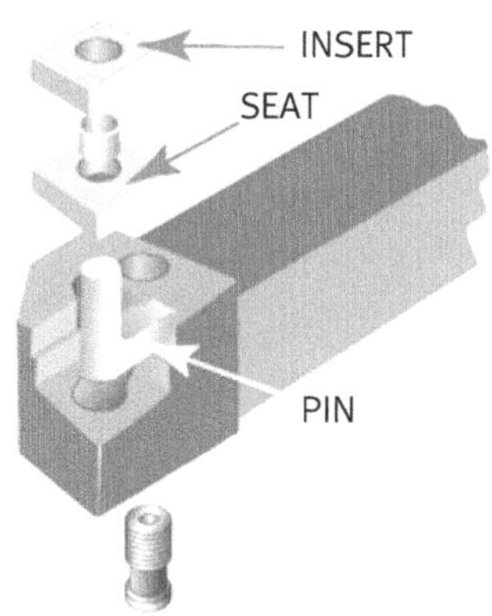

b) Locking pin: 중간에 홀이 있어서,인서트를 포켓방향으로 당기는 힘 작용

그림 3.18 선삭용 툴 홀더의 클램핑 방식(출처 "SME, Tooling University")

3.3.6 칩 브레이커(chip breaker)

길고 연속된 칩이 발생하게 되면 공작물의 표면 손상, 공구수명 단축 또는 공작기계 작동에 나쁜 영향을 미치게 된다. 칩을 짧게 분리하는 기술이 필요한 이유이다. 잘 부서진 칩의 체적은 부서지지 않는 칩의 1/17이 되므로 칩의 배출도 용이해 진다.

"칩을 잘 다루는 사람이 공장을 지배한다."는 말이 있을 정도로 칩 처리는 매우 중요하다. 칩을 짧게 분리하기 위해 초경합금 인서트에는 다양한 칩 브레이커가 설치되어 있다. 다양한 칩브레이커(chip breaker)의 기능을 잘 이해해 칩을 쉽게 취급할 수 있어야 한다. 필요한 사항은 절삭이론 강좌를 통해 습득하게 될 것이다.

a) 공작물 재질과 절삭조건에 따라서 연속된 칩이 발생할 수 있다. 칩 처리가 필요하다.

b) 인서트에 오목한 홈이 3차원 칩 브레이커의 역할을 한다.

그림 3.19 칩 브레이커(chip breaker)

3.3.7 절삭가공면의 표면조도(Surface Roughness)

기계가공의 가공면은 다른 가공법으로 제작된 기계 부품보다 우수한 특징을 갖고 있다. 표면조도는 공구와 공작물의 이송 접촉에 의해 기하학적 표면 거칠기가 발생하지만, 전체적으로는 공작기계 이송기구의 정밀도, 진동 등의 영향을 받는다.

다른 요인을 제외하면 공구와 공작물의 접촉에 의해 툴마크(tool mark)가 발생한다. 일명 커스프의 높이(cusp height)가 발생한다. 이때 공구의 날끝반경(Nose radius)과 이송(Feed)에 따라 높이가 결정된다. 날끝반경이 클수록, 이송이 적을수록 표면거칠기의 높이는 작아지게 된다.

그림 3.20에는 절삭과정의 전체 시스템에서 발생하는 표면거칠기에 대한 개념도이다.

그림 3.21에 선삭에서 표면거칠기의 높이를 공구의 접촉반경과 이송과의 관계로 나타내었다.

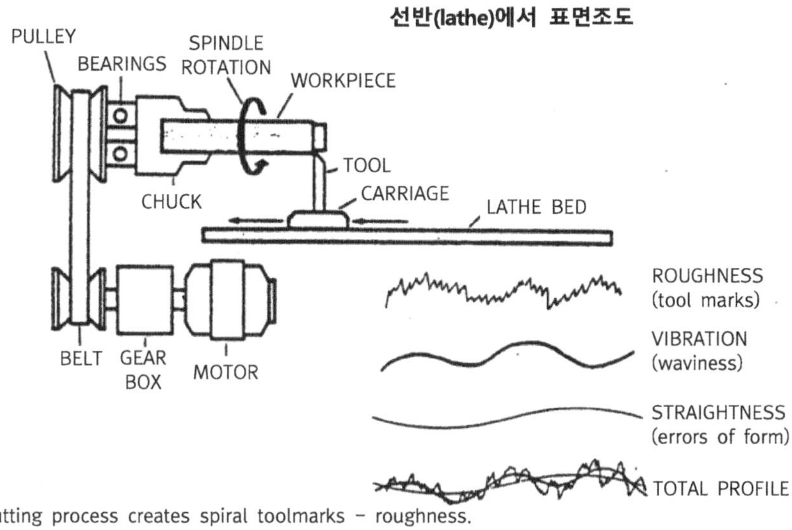

그림 3.20 절삭작업에서 발생하는 표면 거칠기(total profile)

· **이론조도**

$$R\max = \frac{f^2}{8r}1000(\mu)$$

· **실제조도**

강(Steel) : $R\max \times (1.5 \sim 3)$

주철(Cast iron) : $R\max \times (3 \sim 5)$

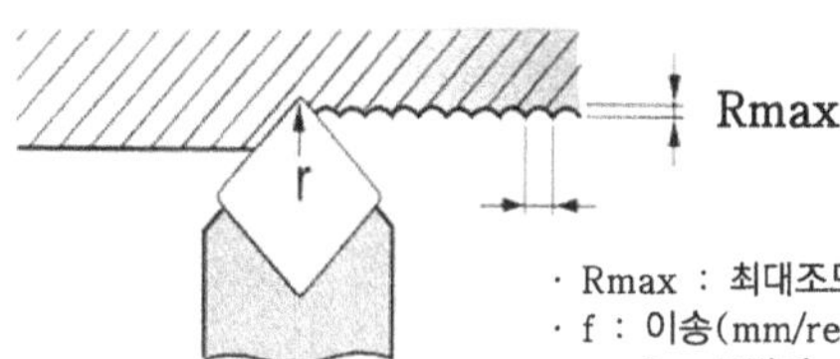

그림 3.21 선삭에서 이론 조도

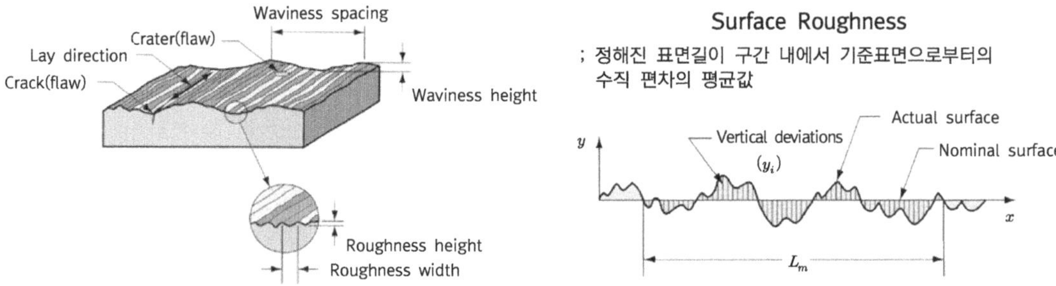

a) Surface texture features　　b) 표면조도의 측정

그림 3.22　표면조도의 조직과 측정

표면조직의 기호

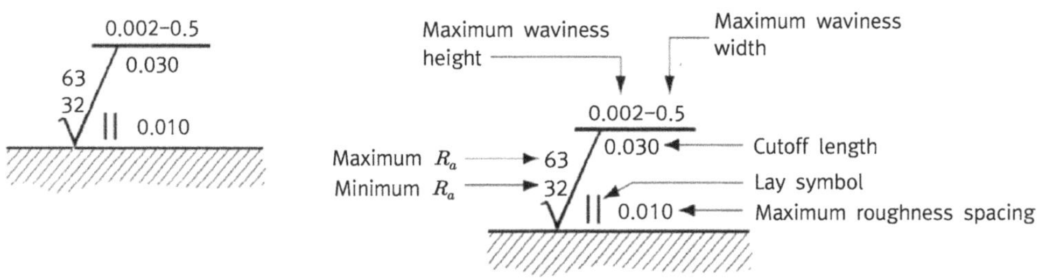

그림 3.23 표면조직의 기호

표 3.3 표면조도의 구분값과 삼각기호(KS)

R_{max}	R_z	R_a	삼각기호	R_{max}	R_z	R_a	삼각기호
(0.05 S)	(0.05 Z)	(0.012 a)		(35 S)	(35 Z)		
0.1 S	0.1 Z	0.025 a		50 S	50 Z	12.5 a	
0.2 S	0.2 Z	0.05 a	▽▽▽▽	(70 S)	(70 Z)		
0.4 S	0.4 Z	0.1 a		100 S	100 Z	25 a	
0.8 S	0.8 Z	0.2 a		(140 S)	(140 Z)		
1.6 S	1.6 Z	0.4 a		200 S	200 Z	(50 a)	▽
3.2 S	3.2 Z	0.8 a	▽▽▽	(280 S)	(280 Z)		
6.3 S	6.3 Z	1.6 a		400 S	400 Z	(100 a)	
12.5 S	12.5 Z	3.2 a		(560 S)	(560 Z)		
(18 S)	(18 Z)		▽▽				
25 S	25 Z	6.3 a					

* 괄호 안의 값은 특별한 경우가 아니면 사용하지 말 것

표 3.4 가공방법에 따른 표면거칠기 적용 값

가공 방법	표면거칠기 값(중심선 평균거칠기, Ra)	일반적인 적용 값
주조(casting)	3.2, 6.3,12.5, 25, 50, 100	
선삭(turning)	0.1, 0.2, 0.4 (정밀) 0.8, 1.6 (상) 3.2, 6.3 (중) 12.5, 25, 50, 100 (거침)	1.6, 6.3
드릴링(drilling)	1.6, 3.2, 6.3, 12.5, 25	25
리밍(reaming)	0.4, 0.8 (정밀) 1.6, 3.2, 6.3	1.6
밀링(milling)	0.8, 1.6 (정밀) 3.2, 6.3, 12.5, 25	1.6, 6.3
연삭(grinding)	0.1 (정밀) 0.2, 0.4 (상) 0.8, 1.6 (중) 3.2, 6.3, 12.5 (거침)	0.8, 1.6

3.4 공작물 고정구(Fixture)와 드릴 지그(Jig)

3.4.1 고정구(Fixture)

공작물을 적절하게 공작기계에 설치하는 일은 대단히 중요하다. 공작기계에 공작물을 쉽고 빠르게 설치할수록 공작기계의 가동시간을 증가시켜 생산성향상에 기여하게 된다.

공작기계에서 “총 절삭가공 시간”은 다음과 같이 구한다.

“총 절삭가공시간=공구의 설치 시간+공작물의 설치 및 해체 시간+공작물 절삭시간”

공작물의 설치 및 해체시간이 공작기계의 가동율과 생산성 증가에 결정적인 역할을 한다.

공작물의 고정하기 위해 선반 척, 밀링 바이스을 많이 사용한다. 그렇지만 형상이 불규칙한 공작물을 효과적으로 설치하기 위해서는 현장에 맞게 제작해야 한다.

고정구 설계에서 가장 중요한 점은

- 절삭력에 저항할 수 있어야 한다.
- 공구의 운동에 방해가 되지 말아야 한다.
- 공작물의 탈 부착이 용이하게 이루어 져야 한다.

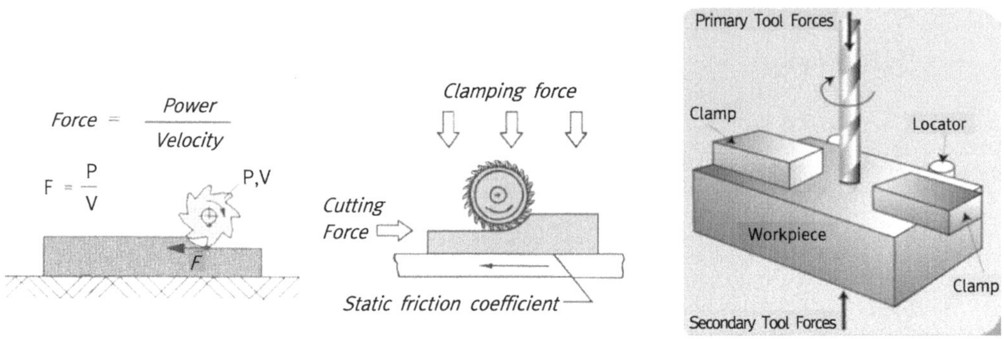

그림 3.24 절삭저항과 고정구 설치

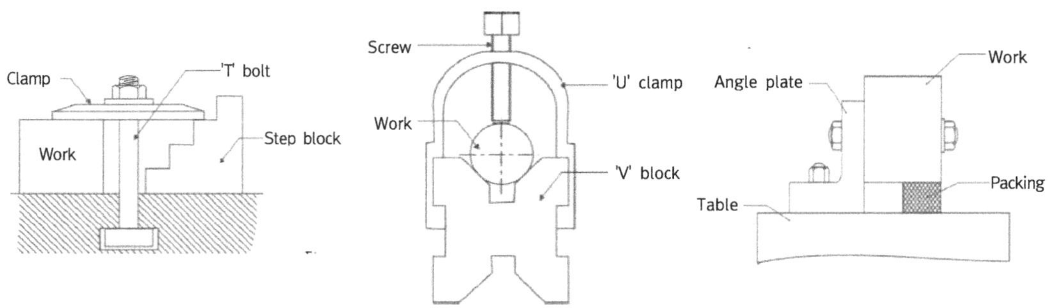

a) "T"볼트와 스텝블록 b) "V" 블록과 U 클램프 c) "L"형강과"T"볼트

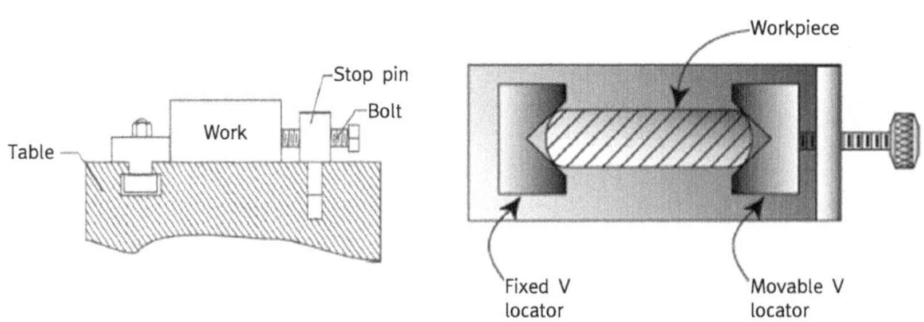

d) "T"볼트 와 스탑핀 e) "V" 블록 활용

그림 3.25 다양한 공작물 고정 방법

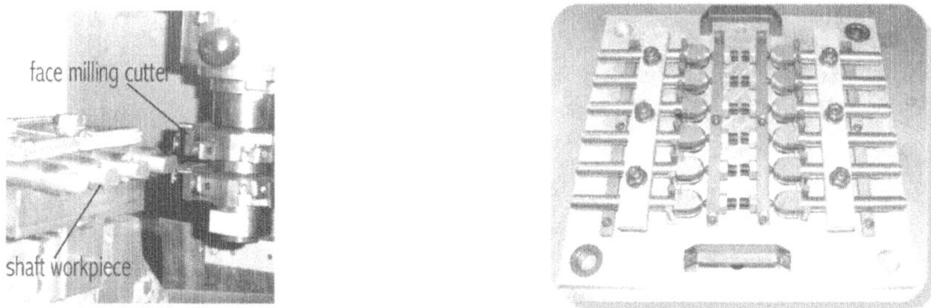

a) 봉의 양 단면을 가공하기 위한 간이 고정구(4개의 봉을 동시에 가공한다.)

b) 공작물 다수개 배치 고정구

그림 3.26 생산성 향상을 위한 고정구 설치 예

3.4.2 드릴 지그(Jig)

드릴가공은 드릴 포인트의 날끝에 일자 드라이버 모양의 chisel edge 부분이 있다. 이 chisel edge는 드릴날에서 절삭작용을 하지 않고 정(chisel)과 같은 역할을 한다. 드릴 끝이 원뿔 모양으로 뾰족하게 되면 드릴 날의 파손의 원인이 되므로 드릴의 구조상 chisel edge 는 피할 수 없다. 이러한 chisel edge 때문에 드릴날이 정확한 위치를 잡지 못해 구멍가공에 어려움이 있다. 보통 센터펀치를 이용해 드릴 접촉자리를 만든 후에 가공을 하는 방식을 취하고 있다.

드릴가공을 효과적으로 하기 위해 드릴 지그을 사용한다. 드릴 지그는 드릴의 안내 역할을 하는 부싱(bushing)은 KS 규격으로 되어 있다. 보통 박스 형태의 고정구에 드릴 안내 부시를 부착한 것을 드릴지그라고 부른다.

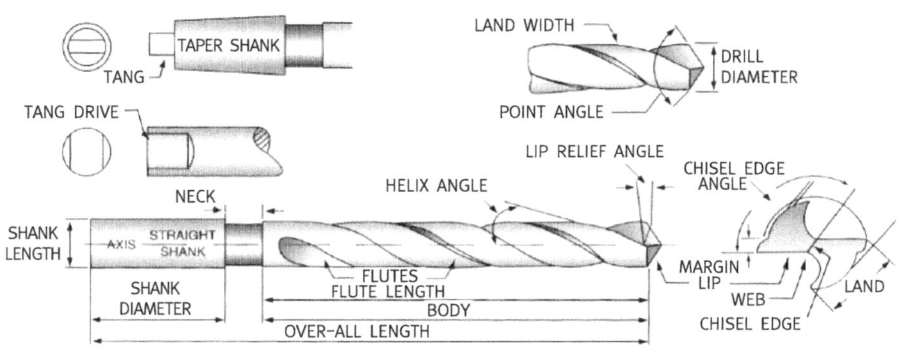

그림 3.27 드릴 날의 구조

a) 박스형태의 드릴 지그

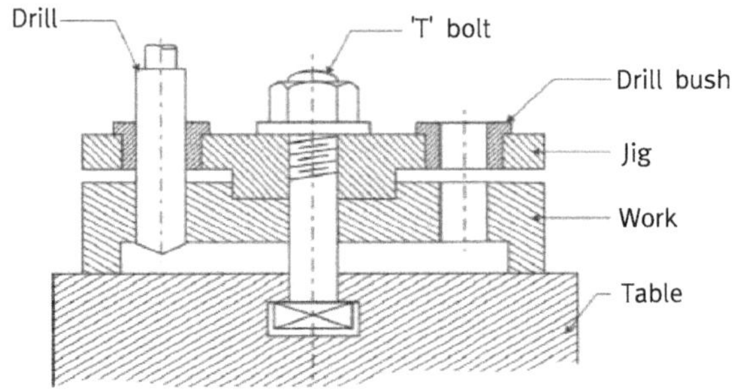

b) 드릴지그에서 부싱(bushing)의 역할

그림 3.28 드릴 지그

연습문제[Lab Quiz]

이름 : ____________　　　　실습일자 및 시간 : ____________

학번 : ____________　　　　보고서 제출일 : ____________

1. 절삭공구에서 가장 중요한 구비 조건은 무엇인가?
   ① 고온경도　　　② 강도
   ③ 열전도도　　　④ 내마모성

2. 고정구(Fixture)와 지그(Jig)의 필요성을 설명하시오.

3. 다음 그림에서 공구의 주요각의 이름을 적고 그 기능을 설명하시오.

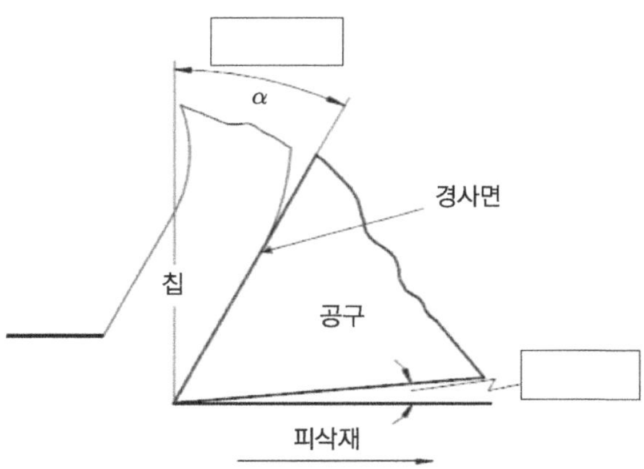

4. 다음 그림의 다양한 절삭 가공방식의 이름을 적으시오.

1)

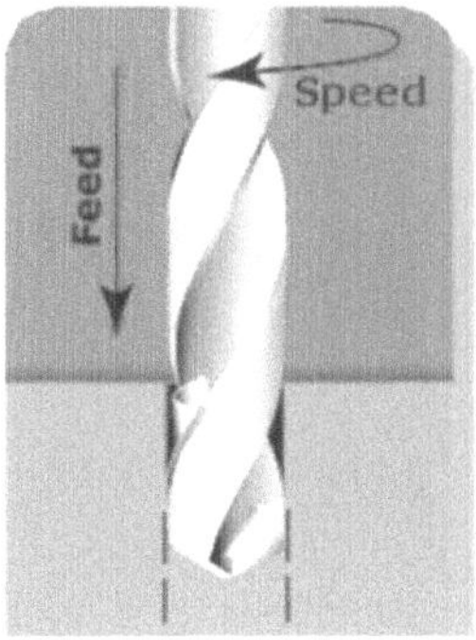

2)

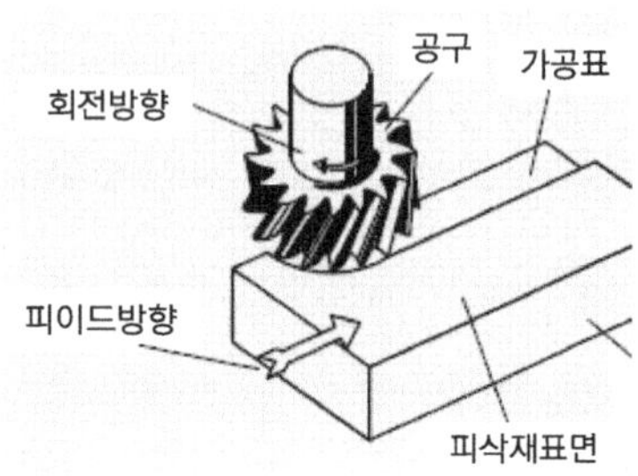

3)

5. 초경합금 공구의 주성분은 무엇인가?

4장

기본 길이 측정과 공차(Tolerance)

4.1 버니어 캘리퍼스 (Vernier Calipers)
4.2 마이크로 미터
4.3 다이얼 게이지
4.4 블록 게이지 (Block gauge)
4.5 하이트 게이지(height gauge)
4.6 치수공차, 형상공차 와 끼워맞춤

4.1 버니어 캘리퍼스 (Vernier Calipers)

4.1.1 원리와 눈금 읽는 방법

(1) 원리

본척의 눈금(n-1) 은 버니어에서 n등분한 눈금이며 버니어의 한 눈금은 본척의 한 눈금보다 실제 길이는 s/n 길이만큼 짧다.

$$(n-1)s = nv$$

$$v = (n-1)s/n$$

$$c = s - v = s/n$$

n: 버니어의 눈금 수
s: 본척 한 눈금의 실제 길이
v: 버니어 한 눈금의 실제 길이
c: 버니어(아들자)로 읽을 수

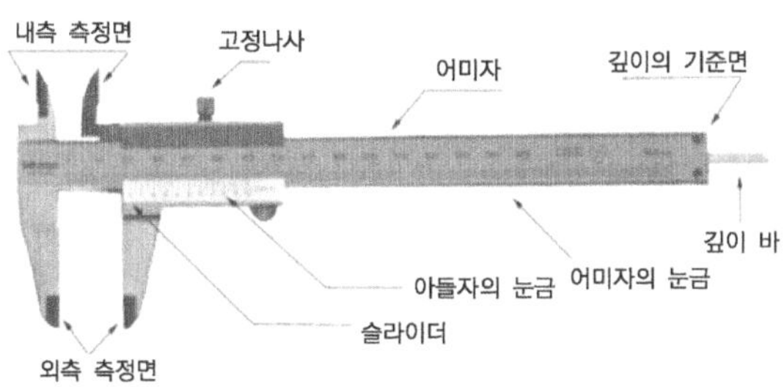

a) 버어니어 캘리퍼스 구조

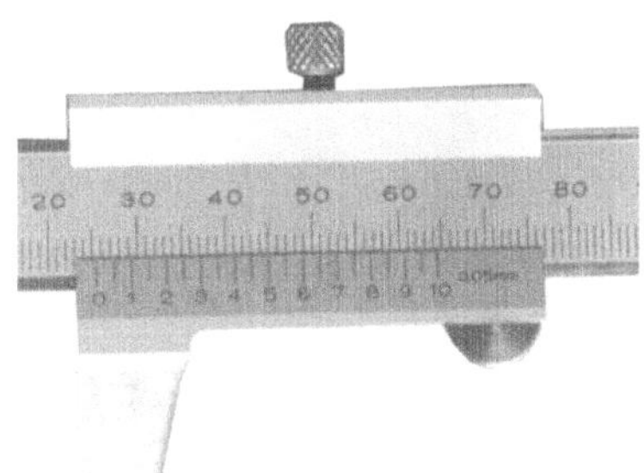

b) 버어니어 캘리퍼스 부척(26.5mm)

그림 4.1 버니어 캘리퍼스(Vernier Calipers) 각부 명칭과 부척

(2) 읽는 방법

보통식 버니어 캘리퍼스로서 본척 한 눈금이 1 mm이고 부척인 버니어의 눈금 수 는 20개 이다. 이 버니어 캘리퍼스로 읽을 수 있는 최소값 c=s/n, 즉 1/20= 0.05이다. 그림 4.2에서 만나는 지점을 찾아보면 13번째이므로 이 길이의 수치는 $4+(\frac{1}{20}\times 13)=4.65$ mm가 된다.

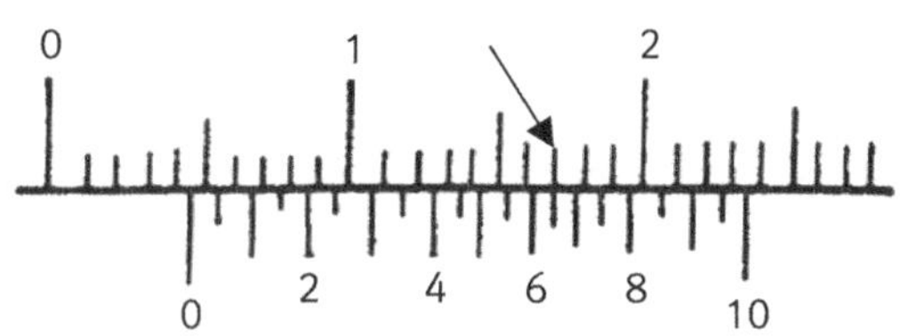

19 mm를 20등분한 버니어

그림 4.2 버니어의 눈금 (4.65mm)

4.2 마이크로 미터

4.2.1 원리와 눈금 읽는 방법

(1) 원리

그림 4.3과 같이 나사를 이용한 것으로서 스핀들의 나사각 α만큼 회전할 때 스핀들 a가 x만큼 이동한다면 x는 나사의 피치인 p의 1/3 만큼 이동한 것이 되며 이때에 스핀들에 고정된 원주 눈금면의 반지름을 r이라 한다면 나사 1피치가 이동한다. 이와같은 관계식은 다음과 같다.

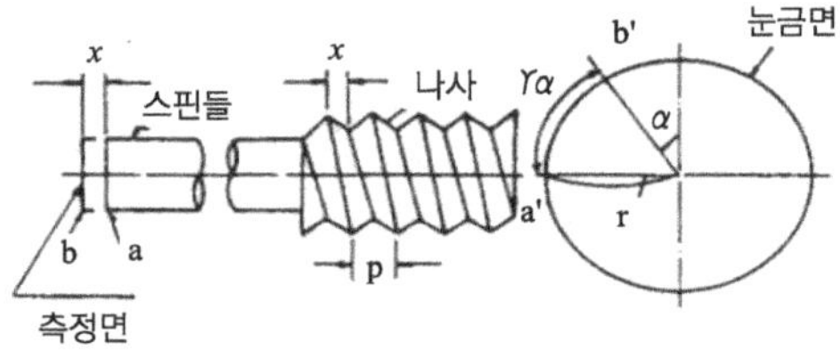

그림 4.3 마이크로 미터의 원리

$$p/2\pi r = x/r\alpha$$
$$x = \alpha p/2\pi$$

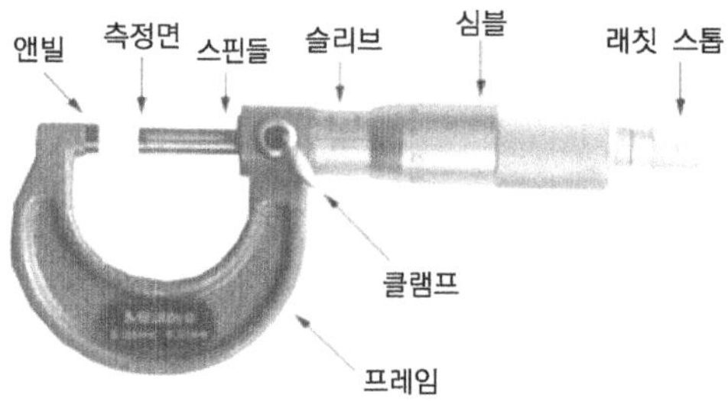

a) 외경 마이크로메타의 구조와 명칭

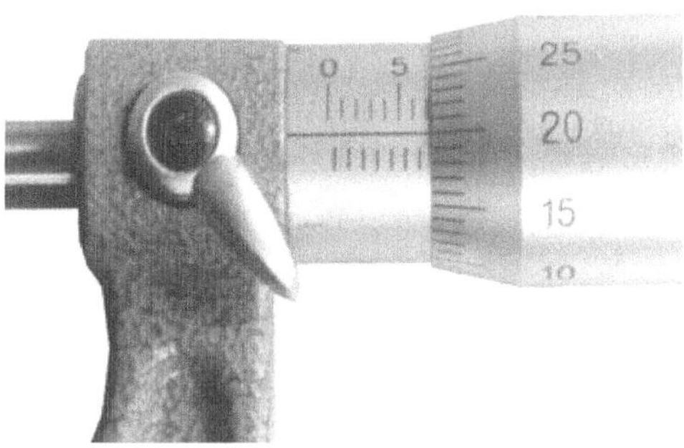

b) 마이크로메타 눈금 읽기(7.20 mm)

그림 4.4 외측 마이크로미터

(2) 읽는 방법

슬리이브 상의 눈금 간격은 0.5 mm이며 딤블 눈금의 등분수는 50등분이다. 그러므로 측정가능한 정도는 0.5/50=0.01 mm가 된다. 최소 측정값은 0.01 mm이다.

그림 4.4(b)의 측정값은 슬리브상의 치수 7.00~7.05 mm 사이에 놓여 있고 딤블은 20번째에 놓여 있으므로, 7.00+(0.01×20)=7.20 mm 가 된다.

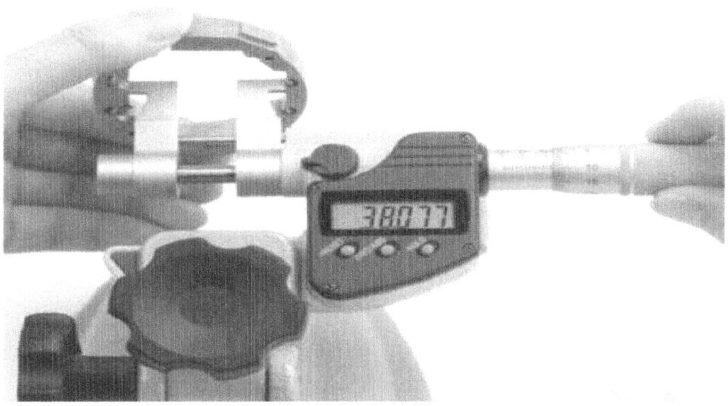

그림 4.5 캘리퍼스 형식의 내경 마이크로메터(디지탈 눈금을 갖고 있다.)

4.3 다이얼 게이지

4.3.1 원리와 사용법

랙과 피니온 기구를 활용한 것으로 길이를 비교 측정하는 곳에 많이 사용한다.

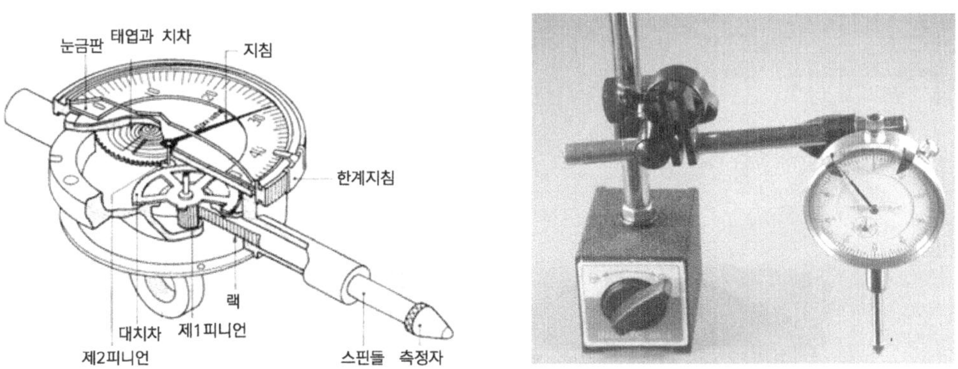

a) 다이얼게이지의 구조

b) 다이얼 게이지(눈금 간격: 0.001 mm)

그림 4.6 다이얼 게이지의 구조와 원리

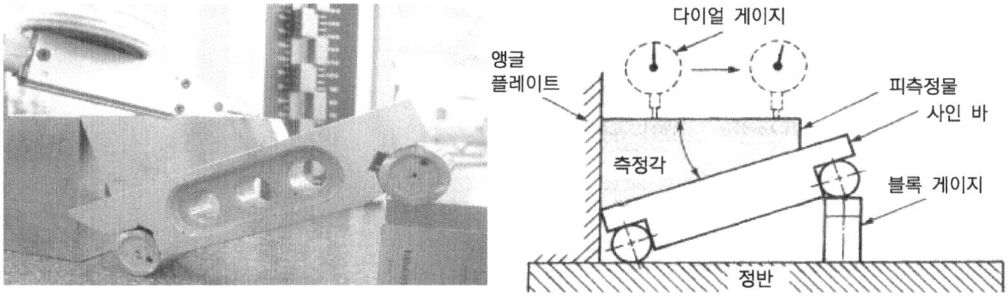

그림 4.7 사인바아(sine bar), 블록게이지 및 다이얼게이지를 이용한 비교측정

[참고] 사인바아(sine bar)는 호칭치수(표준길이)를 이용해 각도를 측정하는데 사용한다.

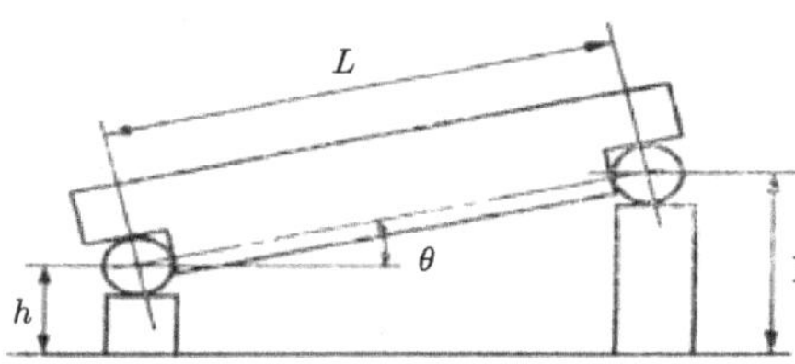

$\therefore \sin\alpha = (H - h)/L$

L : 사인바의 호칭치수
H, h : 게이지 블록

$\therefore \alpha = \sin^{-1}\frac{(H-h)}{L}$

※ 사인바는 45°가 넘는 큰 각도에서는 사용하지 않는다

4.4 블록 게이지 (Block gauge)

4.4.1 원리 와 사용법

(1) 원리

직사각형 단면으로 된 블록 게이지는 1896년 스웨덴(Swedn)의 요한슨(Johanson)이 처음으로 만든 것으로, 당시 102개의 블록 게이지에 의하여 1 mm부터 201 mm 까지 0.01 mm 간 격으로 정밀도가 높은 치수를 1개 또는 여러개를 조합시켜 만들었다.

블록 게이지를 선택할 때에는 사용목적 중, 가장 높은 요구 정도를 기준으로 해서 이보다 한 등급 높은 등급을 선택해야 한다.

또한, 표준 조합의 선정에 있어서는 필요로 하는 최소 치수 단계, 최소의 개수, 정도 등급을 선택해야 한다. 블록게이지는 생산현장에서 길이치수의 기본이 된다. 각종 측정기의 교정에 사용한다. 블록을 서로 조합해서 길이를 측정한다. 사인바아와 다이얼 게이지를 이용한 비교측정, 각도측정에도 활용한다.(그림 4.8 참조)

a) 블록게이지

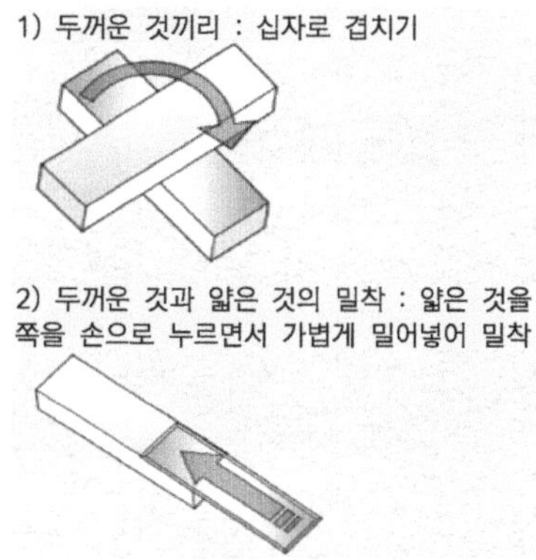

b) 블록게이지의 조합

그림 4.8 블록게이지

4.5 하이트 게이지(height gauge)

4.5.1 구조와 사용법

하이트 게이지는 직접, 다이얼 게이지를 부착해 간접 측정에도 많이 사용된다. 정반 위에서 하이트게이지의 스크라이버를 이용해 공작물의 줄긋기 작업에 많이 활용한다. 스크라이버는 초경합금 재질로 마모에 강하게 되어 있다. 하이트 게이지의 눈금은 버어니어 캘리퍼스의 눈금과 같이 읽으면 된다.

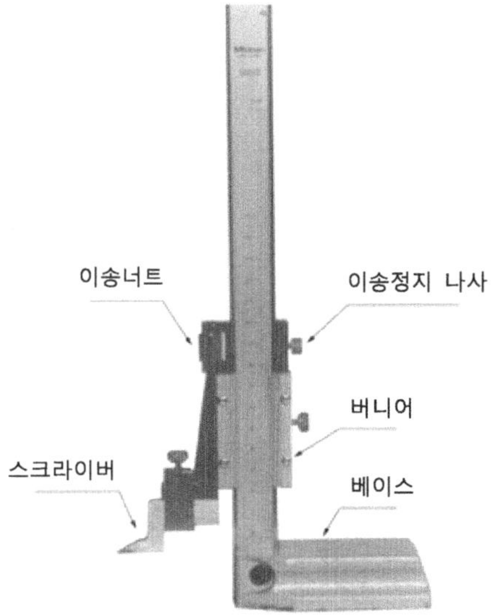

a)하이트게이지(height gauge)의 구조

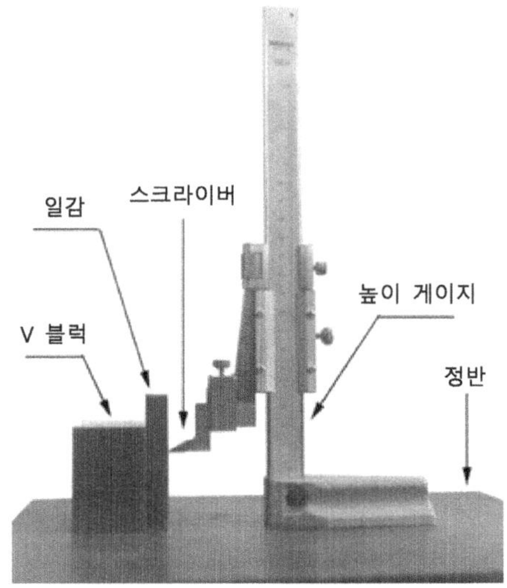

b) 하이트게이지를 이용한 줄긋기 작업

그림 4.9 하이트 게이지(height gauge)

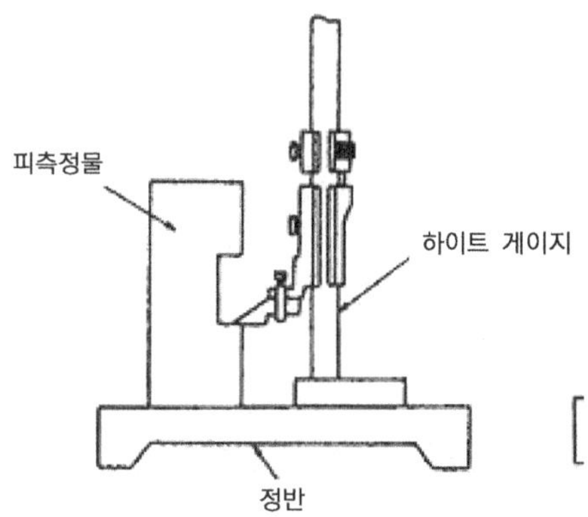

a) 직접측정방법

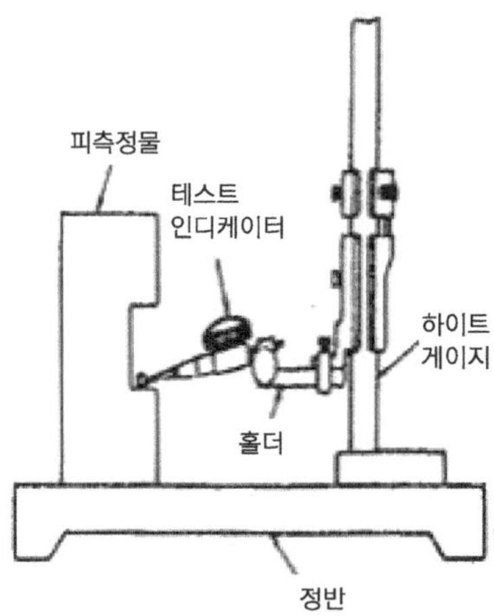

b) 간접(비교)측정방법

그림 4.10 하이트 게이지를 이용한 측정 방법

4.6 치수공차, 형상공차 와 끼워맞춤

4.6.1 가공공차(Tolerance), 기하학적 치수공차

(1) 가공 공차

기계부품을 가공하기 위한 제작 도면에는 호칭 치수와 허용되는 가공치수 공차가 표현되어 있다. 공차의 범위가 엄격할 수 록(작아질수록) 부품의 생산단가(cost)는 높아지게 된다. 적절한 공차범위를 정하는 것은 제조공정에서 대단히 중요한 일이다.

그림 4.11에 공차의 범위를 설명해 놓았다.

그림에서 도면의 호칭 치수는 직경 12 mm 이다.

"공차 범위 = 최대허용치수 - 최소허용치수"로 결정된다. 그림의 예제에서 공차범위는 다음과 같다. 12. 58 mm - 12. 42 mm = 0. 16 mm (공차범위)이다.

용어사용예제

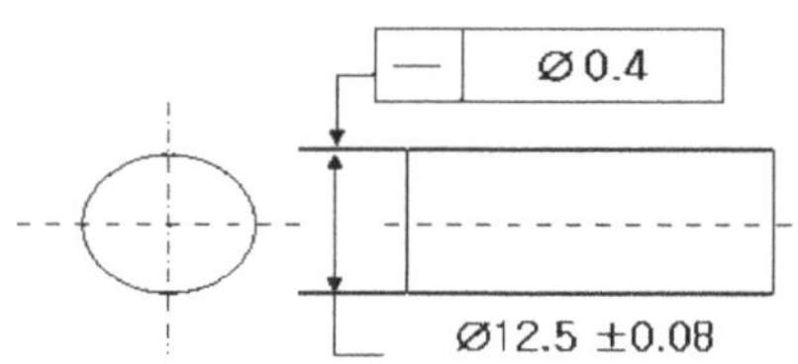

- 기준치수(호칭치수) : Φ 12.5
- 최대허용치수 : Φ 12.58
- 최소허용치수 : Φ 12.42
- 공차(치수공차, Tolerance) : 0.16
- 허용한계치수 : Φ 12.42 ~ Φ 12.58
- 치수 허용차 : -0.08 ~ +0.08

그림 4.11 가공공차 허용범위

(2) 기하학적 치수공차

형상공차라고도 한다. 평행도 직진도 등이 포함된다. 구멍가공에서 구멍이 평면에 대해 직각이 되지 않으면, 조립할 때 부품간에 간섭 또는 조립이 안되어 불량품이 된다. 그러므로 치수공차와 같이 기하학적 형상공차는 매우 엄격하게 다루어 져야 한다.

그림 4.11 우측 상단에 [- | Φ0.4] 의 표현은 형상 치수공차를 의미한다.

그림 4.12에는 직각도와 직진도 규제에 대한 예제를 설명해놓았다. 직각도와 직진도는 기계 부품의 결합을 보장하는 중요한 형상 공차이다.

그림 4.13에 다양한 형상공차에 대한 표시법을 나타내었다.

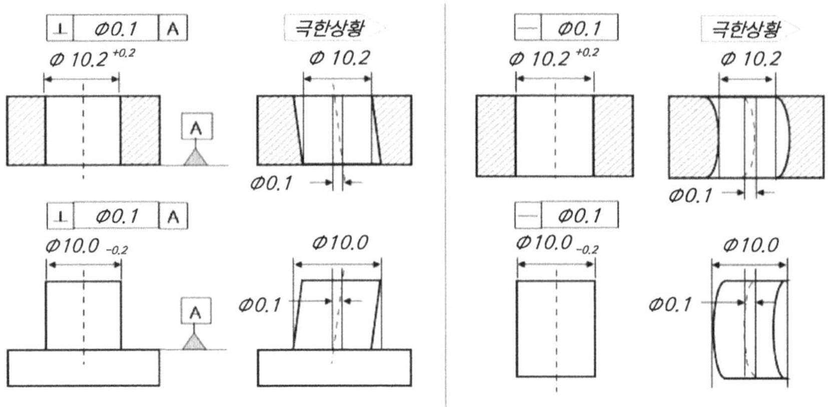

그림 4.12 직각도 규제 및 진직도 규제예제

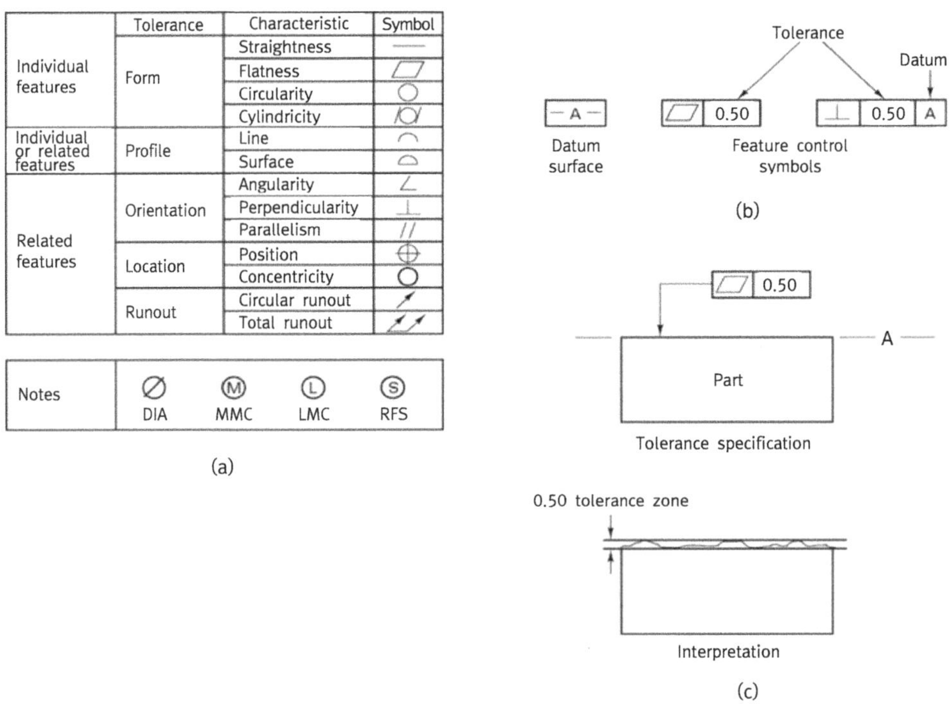

그림 4.13 다양한 형상공차

4.6.2 끼워 맞춤과 한계(限界) 게이지(Go-Stop gauge라고도 한다.)

(1) 끼워 맞춤

구멍과 축은 조립되기 위해 실재로 가공된 치수와 제자도면의 공칭치수는 어느 정도까지 여유가 필요한 것인가? 서로 끼워 맞춰지는 구멍과 축의 치수허용범위 조합에 대해 정한 것이 **"치수공차 및 끼워맞춤의 규격(KS B 0401)"**이다. 이 규격에 정한 최대 및 최소 허용치수로서 관리를 하는 공차(公差)방식을 한계(限界) 게이지 방식이라 하며, 이때에 사용되는 것이 한계게이지이다. 한계 게이지는 공장용현장 게이지라고도 볼수 있다. 한계게이지를 이용해 생산성을 증가시킬 수 있다. 그 이유는 무엇인가를 생각해 보라.(그림 4.18 한계 게이지)

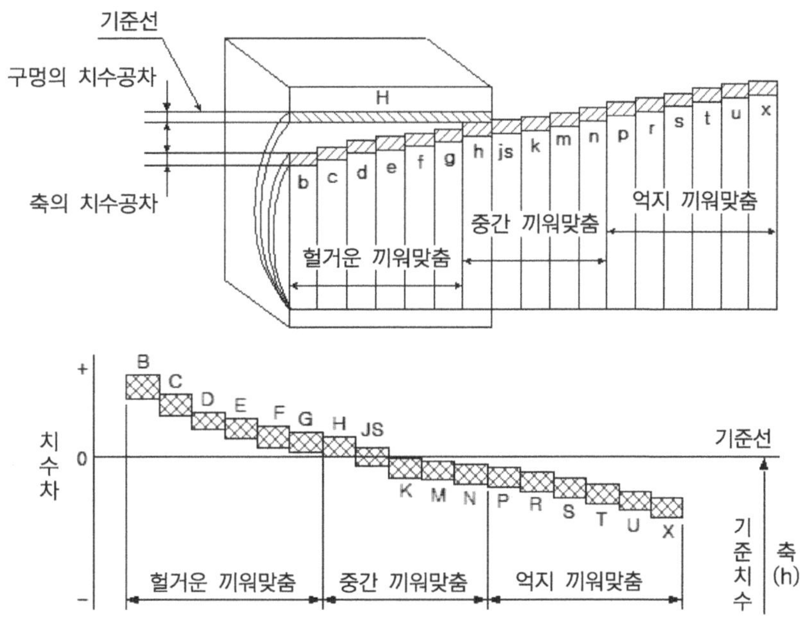

그림 4.14 구멍과 축의 끼워맞춤 규격

(2) 끼워맞춤과 한계 게이지 제작

일반적으로 축과 비아링의 제작 도면에는 끼워맞춤 공차에 대한 표현이 있다.

예를 들면 구멍 "50 H7"이고, 축 "50 g6" 라고 표현되면 끼워맞춤 KS규격에서 구멍과 축에 대한 치수를 도식적으로 나타내면 그림 4.15와 같다.

▶ 구멍의 치수 50 H7, 축의 치수 50 g6 인 경우

호칭 지름(nominal diameter) : 50 mm

구멍 H7	+ 0.025 mm	축 g6	–0.009 mm
	+ 0.000 mm		- 0.025 mm

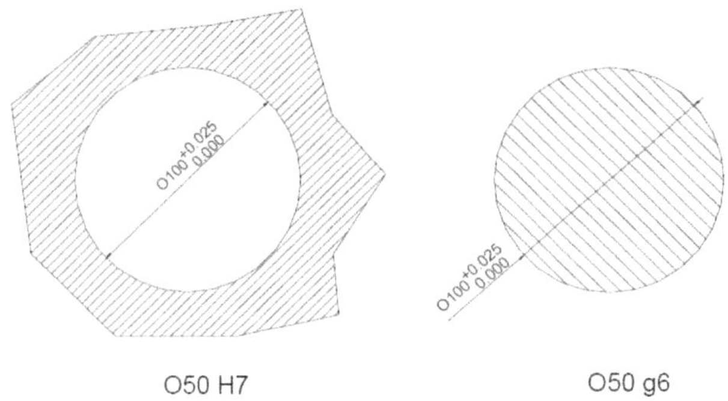

그림 4.15 도식적으로 나타낸 축과 구멍의 크기(“50 H7”, “50 g6”)

이러한 공차에 대해 한계게이지를 제작하면 그림 4.17과 같이 된다.

선반가공한 기계제품이 구명용 한계게이지(plug gauge)의 한쪽을 통과하고(go), 다른 쪽을 통과하지 못하면 공차범위에 있는 것이 된다.

축용 한계 게이지(snap gauge)의 경우에도 같은 결과를 얻게 된다.

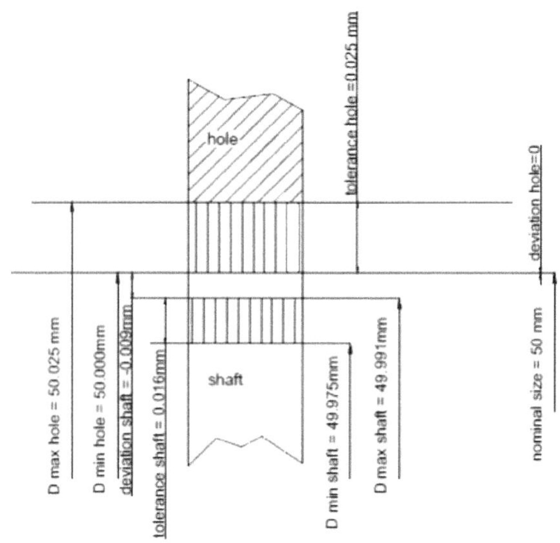

그림 4.16 호칭직경에 대한 공차 설명도(“50 H7”, “50 g6”)

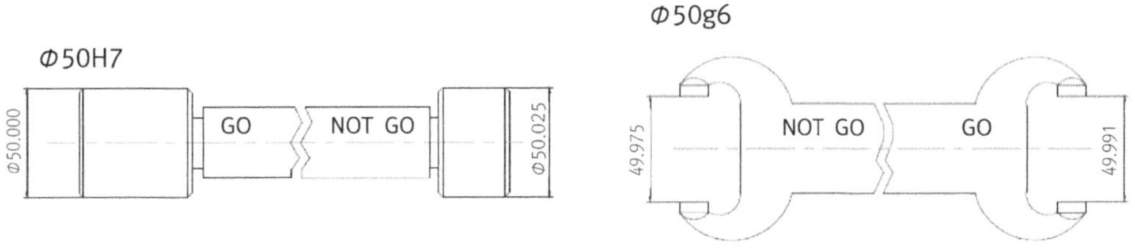

a) 구멍용 한계게이지

b) 축용 한계게이지

그림 4.17 예제를 적용한 한계게이지 설계

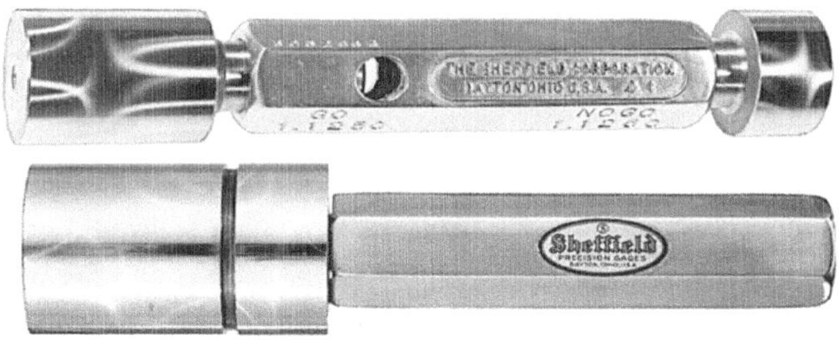

그림 4.18 플러그용 한계 게이지의 두 가지 형태

연습문제[Lab Quiz]

이름 :
학번 :
실습일자 및 시간 :
보고서 제출일 :

1. 다음 버니어 캘리퍼스와 마이크로메터의 눈금을 읽어서 그 값을 적으시오.

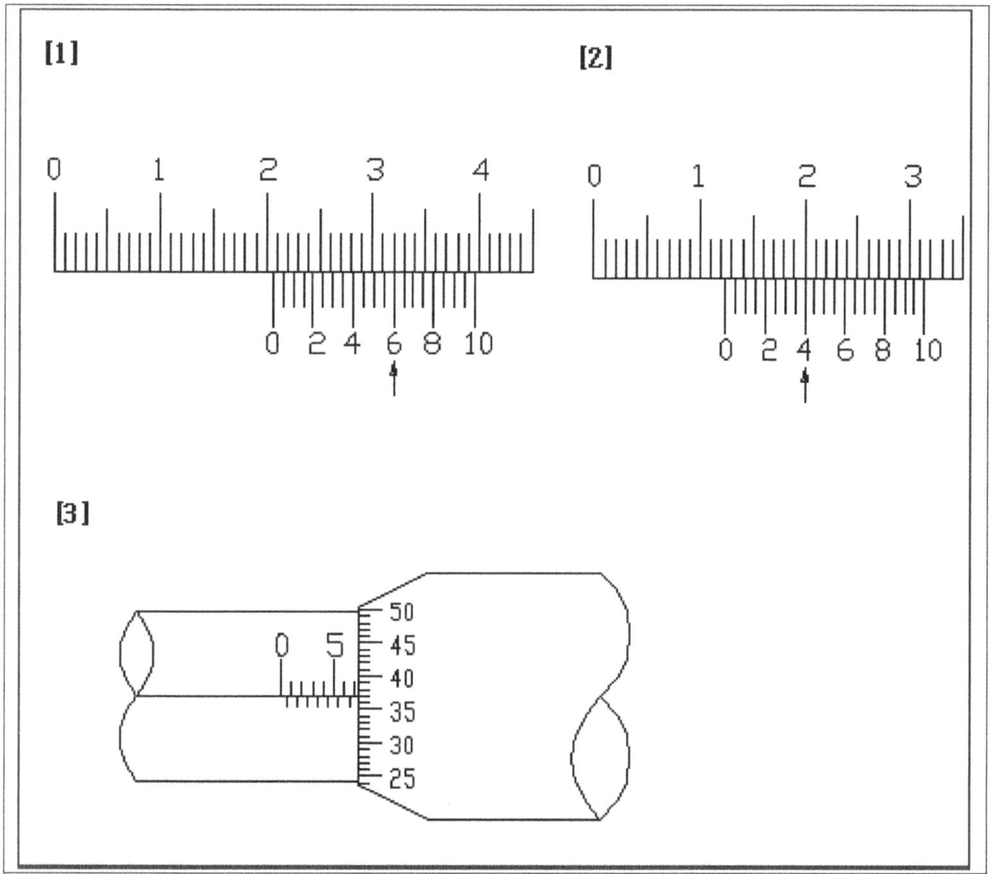

그림 4.18 눈금읽기

2. 한계게이지(Go-Stop gauge)을 이용하면 생산성이 향상되는 이유를 설명하시오.

3. 구멍의 치수가 " 60 H7", 축의 치수가 " 60 g6"인 경우에 구멍과 축에 대한 치수를 도식적으로 나타내시오.

5장

수기가공
(Hand Work)

5.1 실습의 목적

수기가공은 기계가공을 처음으로 접하는 학생들에게 유익한 정보를 제공해 준다. 금속 톱을 이용한 절단작업, 드릴작업, 줄 작업 등을 통해 금속재료 및 가공에 대한 느낌(feeling)을 체득하게 된다. 금속재료의 강도, 경도, 광택 등에 대한 정보, 공작기계의 필요성에 대하여 이해하게 된다. 수기가공의 대부분은 절삭가공의 형태로 이루어진다. 금긋기 작업은 금속의 스크레칭 작업의 일종이다. 스크레칭을 위한 인덴터(indenter)는 공작물보다 경도가 높아야 한다. 이러한 활동을 통해 금속의 경도(hardness)에 대한 지식을 체화할 수 있다.

수기가공에서 톱, 드릴, 연삭 등의 작업은 칩을 배출하는 절삭작업의 한 종류이다. 톱날의 각도를 통해서 경사각과 여유각의 이해하고, 줄 작업에서 칩 배출 공간의 필요한 이유를 알게 될 것이다. 자연스럽게 모든 공구가 칩 배출이 용이한 구조로 되어 있음을 이해할 수 있기를 바란다.

수기가공은 기계가공으로 제작된 부품들을 해당 위치에 서로 조립하기 위해 가공한다. 여기에는 나사내기, 탭(Tap)작업 등도 필요하게 된다. 수기가공의 과제는 줄작업, 탭작업, 드릴작업, 톱작업 등이 포함되어 있다. 기계 조립과정에서 부품과 부품의 끼워맞춤, 위치 및 형상 정밀도가 중요함을 이해하기를 바란다.

5.2 수기가공 과제

5.2.1 실습 과제

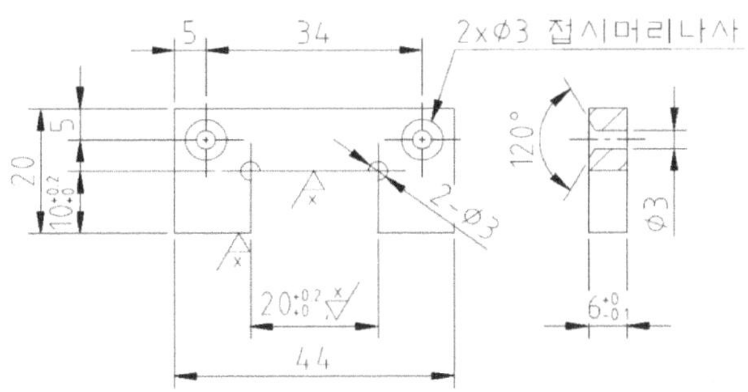

1) 부품② 이송축 고정 지지대

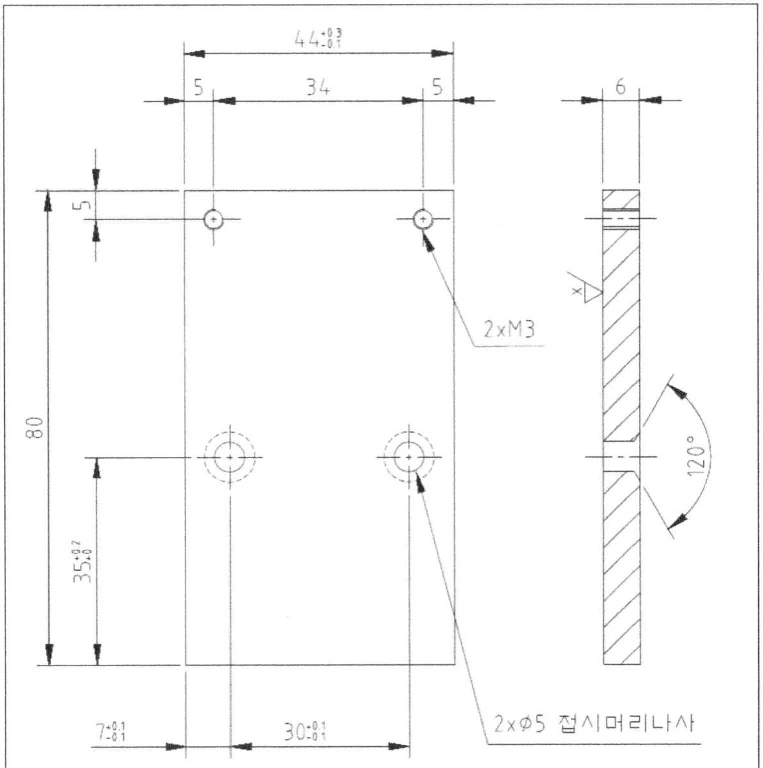

2) 부품 ④ 기준판(Base plate)

[소요시간] 8시간

[소요재료]
(1) S40C
90 × 50 × 6 mm
(2) S40C
45 × 50 × 6 mm
※ 제공된 재료의 두께가 6 mm인 경우에는 두께는 가공하지 않는다.

그림 5.1 수기가공 실습과제 도면

5.2.2 사용기자재

기 계 및 기 구			측 정 공 구		
품 명	규 격	수 량	품 명	규 격	수 량
드릴링 머시인	ø12 이하	1	내측 마이크로	0-25, 25-50	2
줄	각 종	1 세트	외측 마이크로	5-25, 25-50	2
스크레이퍼		1	버어니어	150 mm	1
정		1	직 각 자		
바이스	150 mm	1	정 반	300×300	1
드 릴	ø3, ø4.2, ø9	3	다이얼 게이지	0.01	1
탭	M5 P0.8	1			
망 치	0.35 kg	1			
카운터 싱킹드릴	ø8	1			

5.3 실습내용 및 실습순서

5.3.1 실습목표

1) 평면 다듬질로 표면거칠기를 향상시킬 수 있도록 한다.
2) 직각도, 평행도 등의 형상정도의 개념을 이해한다.
3) 정확한 위치에서 드릴링할 수 있는 능력을 기른다.
4) 태핑(tapping) 작업을 이해하고 실행한다.
5) 톱날, 줄, 드릴날의 기능과 구조를 이해한다.

5.3.2 실습순서

1) 실습 준비를 하고 작업공정을 결정한다.
2) 기준면을 줄 작업한 후, 기준면에 대해 직각으로 가공한다. 직각정규를 사용한다.
3) 금긋기 작업을 한다. 정반위에서 기준면을 밀착시켜 세워놓고, V-블록을 뒤에 받쳐 놓은 후에 정확하게 금긋기를 한다.
4) 드릴 작업한다. 드릴 작업으로 따낼 부분은 드릴 지름에 맞게 간격을 맞추어 펀칭한다.
5) 톱 작업한다.
6) 따내기 작업한다. 드릴작업과 톱 작업으로 따내기 작업을 한다.
7) 줄 작업한다.
8) 부품의 모서리 부분은 C 0.2로 모따기 한다.

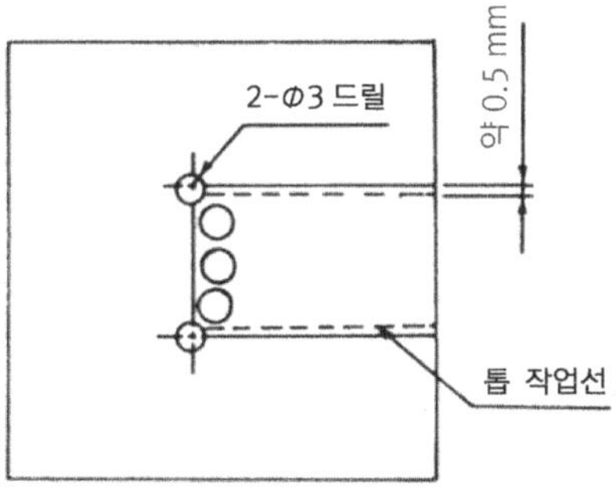

a) 드릴과 톱을 이용한 따내기 작업

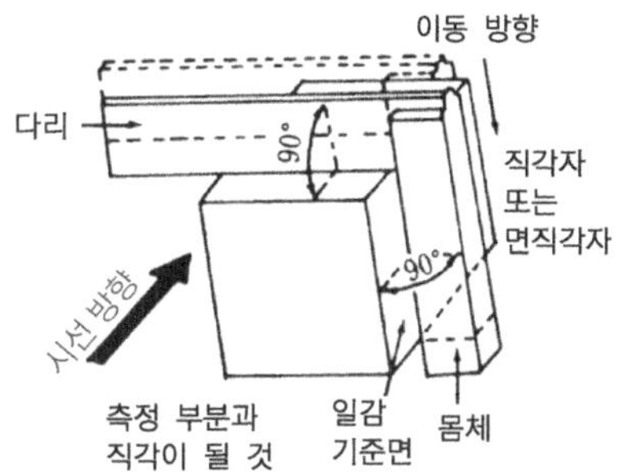

b) 공작물의 직각도, 평면도 검사

그림 5. 2 수기가공

5.3.3 안전 및 유의 사항

(1) 금긋기 작업

① 공작물의 모서리는 손의 상처를 내기 쉬우므로 주의한다.
② 금긋기 바늘의 끝은 코르크로 끼워 안전을 기한다.
③ 해머 자루는 단단히 박혀야 한다.
④ 펀치 머리와 해머 머리는 돌출부가 없어야 하고 기름이 묻어서는 안 된다.

(2) 줄작업

① 줄의 손잡이가 줄 자루에 정확하고 단단하게 끼워져 있는지 확인한다.
② 줄 작업할 때 줄의 손잡이가 일감에 부딪치지 않도록 한다.
③ 줄 작업으로 생긴 칩(chip)을 손으로 털거나 입으로 불면 안 되며 반드시 솔을 이용하여 제거 한다.
④ 줄은 취성이 크기 때문에 해머 대신으로 사용하면 안 된다.

(3) 톱작업

① 톱날이 일감 표면에서 미끄러지지 않도록 주의한다.
② 공작물이 거의 다 잘라졌을 때 절삭 압력을 약하게 한다.
③ 재질 및 형상에 따라 적당한 톱날을 사용한다.

(4) 드릴작업

① 공작물은 바르고 단단하게 바이스에 고정 해야 한다.
② 바이스가 드릴 작업 중 회전하지 않도록 힘을 주어 잡거나 보울트로 테이블에 고정한다.
③ 드릴 구멍의 끝에서는 절삭 압력을 아주 적게 주며 드릴의 안내에 주의한다.
④ 드릴의 고정은 단단히 하여 절삭 중 드릴이 미끄러지지 않도록 한다.

5.4 관련지식

5.4.1 줄

(1) 줄의 구조

줄의 구조는 그림 5.3a)와 같으며 보통 탄소 공구강(0.5~2.06%C)으로 만든다. 이중 커터(복목줄)를 많이 사용하는데 이것은 줄 몸체에 줄날을 50~71° 의 각도로 서도 교차되게 만든 것이다.

(2) 줄의 절삭 과정

줄날은 공작물 표면에서 절단 및 절삭 작용을 하며 쐐기 모양의 공구각(β)크기에 따라 절삭이 다르게 된다. 〔그림 5.3b) 참조〕

(3) 줄의 눈크기

줄눈의 크기는 거치른 것을 황목, 중간 것을 중목, 고운 것을 세목, 아주 고운 것을 유목이라 한다. 줄눈의 크기는 줄의 치수에 따라서 약간 다르지만 그 날수는 1inch(25.4 mm)에 대하여 정한다.

(4) 알맞은 줄의 선택

줄은 그 사용 목적, 형상, 줄의 상태 등에 있어 많은 종류가 만들어지고 있다.

(5) 주로 길이, 사용 목적, 줄의 상태 등을 고려하여 알맞은 것을 선택하도록 한다.

① 크고 거친 것을 깍아내기에는 크고 거친 복 목줄이 알맞다.

② 다듬질에는 중간 고운, 또는 고운 단목줄을 이용한다.

③ 주철 작업에는 중간 거친 줄로 시작하여 중간 고운 줄로 다듬질한다.

④ 연금속의 줄 작업에는 중간 고운 줄로 시작하여 고운 줄로 다듬질한다.

⑤ 경금속의 줄 작업에는 고운 줄로 시작하여 아주 고운 줄로 다듬질한다.

⑥ 황동이나 청동의 줄 작업에는 중간 거친 줄로 시작하여 중간 고운 줄로 다듬질한다.

⑦ 알루미늄, 납, 바빗의 줄 작업에는 중간 거친 곡선 줄을 사용한다.

⑧ 작은 공작물에는 작은 줄을, 중간 치수의 공작물에는 20 cm 정도의 줄을, 상황에 따라 가장 편리한 것을 사용하도록 한다.

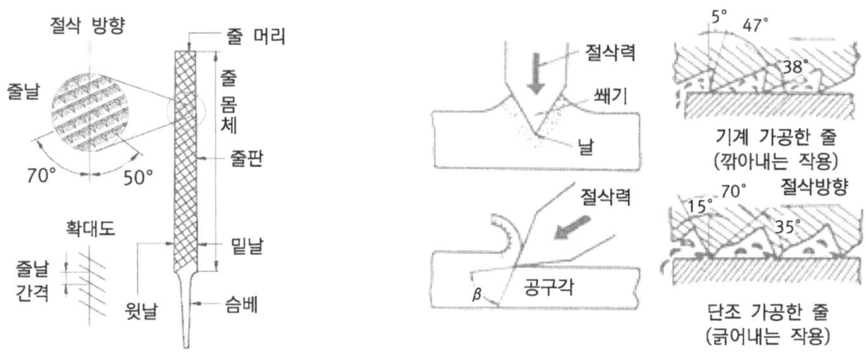

a) 줄 및 줄눈의 구조

b) 줄의 절삭과정

그림 5.3 줄의 구조와 절삭과정

5.4.2 톱

(1) 기계 톱(Sawing machine)

톱 작업의 중요한 목적은 공작물의 절단이며 경우에 따라 작은 틈이나 홈을 가공하는 데에도 이용되고 있다. 그림 5.4와 같은 대형 톱기계는 공작물의 절단에 매우 광범위 하게 사용하고 있다. 특히 공작물 소재를 절단하는 용도로 많이 사용된다.

a) 왕복운동 톱기계 (hack sawing machine)

b) 띠톱기계 (band sawing machine)

c) 초경합금 팁 부착 톱날

그림 5.4 기계톱과 톱날(날 끝에 초경합금을 용접해 성능을 높은 것도 있다.)

(2) 쇠톱 작업 방법

톱날은 공작물의 재질에 따라 톱날의 크기와 형태가 선택되어야 한다. 재질에 의한 톱날의 형태 와 용도는 〈표 5.1〉과 같다.

표 5.1 톱니 수에 따른 톱날의 선택

톱니 모양	톱니의 수(1 inch 당)	용도
크다	14 ~ 16	연한 재료(알루미늄 등)
중간	18 ~ 25	일반 구조용 강(경한 재료)
작다	25 ~ 32	경한 재료, 두께가 얇은 철판, 파이프 등

① 공작물을 바이스에 물리고 공작물에 알맞은 톱날을 선택한다.
② 톱 틀에 날을 끼우고 죔 너트를 조인다. 이때 톱날 이의 방향이 전진 행정에서 절삭되도록 끼워야 한다.
③ 자르기 시작하면 일정한 압력으로 고르게 전진 행정을 한다. 이 때 완전한 전진 행정을 하며 후면 행정에서는 톱을 약간 들어 톱니가 마멸되지 않도록 한다. 1분에 40~50의 행정을 한다. 행정의 수가 증가되면 열이 발생되어 톱날이 약하게 되기 쉽다. 작업 중, 너무 큰 압력을 가하든가 톱날을 비틀면, 톱날이 움직이지 않든지, 부러지게 되므로 주의하여야 한다.
④ 만일 자르기가 끝나기 전에 톱날이 부러지면 새 것을 끼우고 다른 곳을 잘라야 한다. 새 톱날은 set 부분이 마모되지 않았기 때문에 그 폭이 헌 날로 자르던 폭보다 넓으므로 잘 움직이지 않게 되거나 부러지기 쉽다.

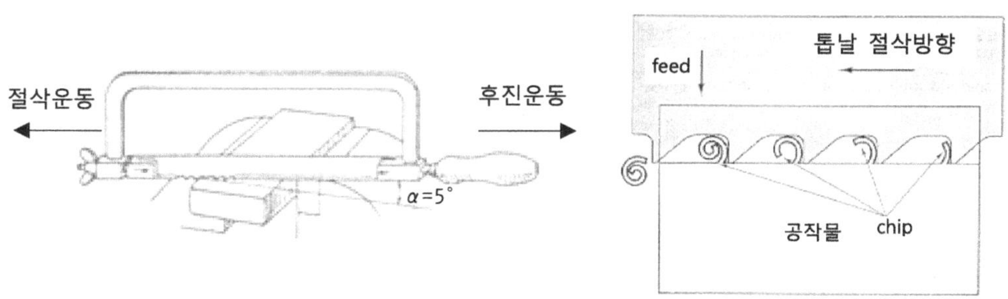

a) 절단 작업시 약간 기울어서 사용한다.　　b) 톱날의 절삭 작용

그림 5.5 손톱의 구조와 사용법

(3) 톱니의 형태와 배열

톱날로 공작편을 자를 때 톱날과 공작물과의 마찰을 방지하기 위하여 톱니의 형태는 좌우로 벌어져 있다. 웨이비(wavy)형태는 얇은 판재 금속(sheet metal), 지그재그(alternate)형은 연한 금속(soft metal), 레이커(raker)형은 경하고 취성이 강한 재료의 절단에 사용한다.(그림 5.6 참조)

드릴게이지와 셋(set)치수가 다름을 이해해야한다.

a) 톱날의 경사각과 여유각

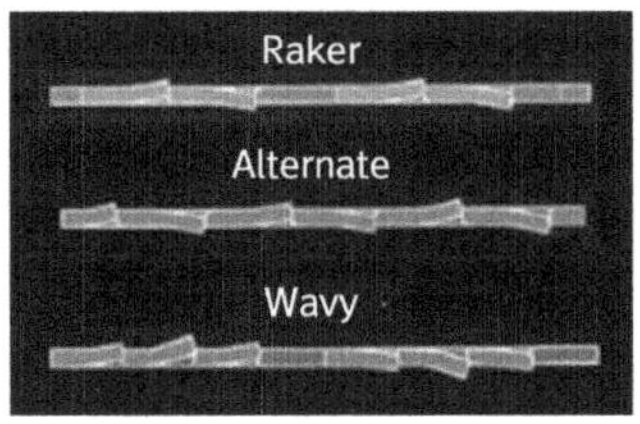

b) 톱날의 배열 방식

c) 톱날의 단면 구조

그림 5.6 톱날의 구조

5.4.3 금긋기와 펀칭과정

(1) 금긋기

금긋기 바늘의 끝은 공작물보다 경질이어야 하며 뾰족하게 연삭되어 있어야한다. 또한 바늘 끝에 가하는 힘의 조절은 흑피 및 굳은 재료에는 강하게, 연삭 다듬질 면이나 연금속은 가볍게 긋는다(그림 5.7 참조)

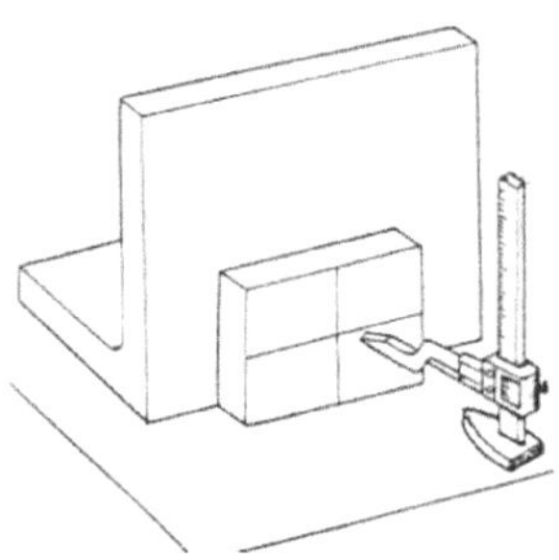
a) 하이트게이지을 이용해 금긋기 작업

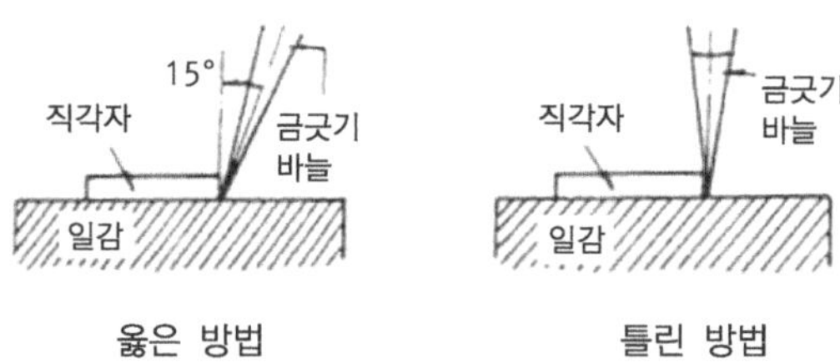

b) 직각자를 이용한 금긋기 작업

그림 5.7 금 긋기 작업

(2) 센터 펀치 작업

센터 펀치의 끝은 공작물보다 경질이어야 하며 강하게 열처리되어 있다. 센터 펀치의 끝은 항상 바르게 연마되어 있어야 하며 무딘 센터 펀치는 금긋기 선의 교차점에 정확하게 펀칭 할 수 없으며 부정확하게 드릴을 안내하게 된다.

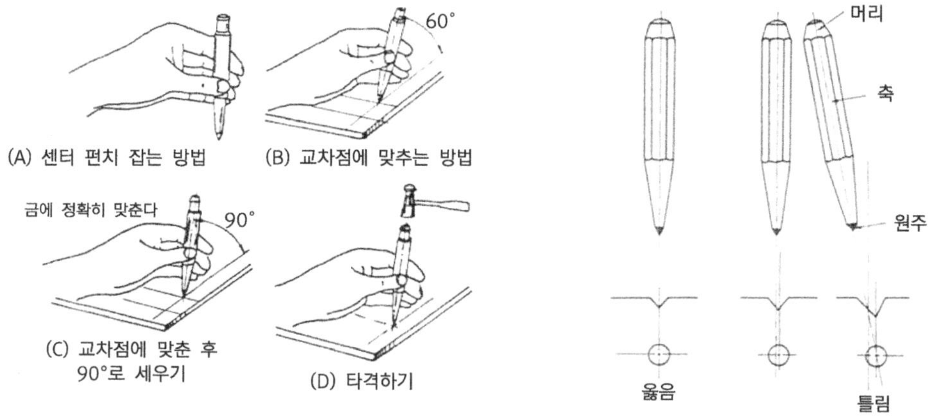

그림 5.8 센터 펀치의 올바른 사용법

5.4.4 드릴 작업

(1) 드릴 머신의 구조

드릴가공은 드릴 포인트의 날끝에 일자 드라이버 모양의 chisel edge 부분이 있다. 이 chisel edge는 드릴날에서 절삭작용을 하지 않고 정(chisel)과 같은 역할을 한다.(그림 5.12 참조) 드릴 끝이 원뿔 모양으로 뾰족하게 되면 드릴 날의 파손의 원인이 되므로 드릴의 구조상 chisel edge 는 피할 수 없다. 이러한 chisel edge 때문에 드릴날이 정확한 위치를 잡지 못해 구멍가공이 어려움이 있다. 보통 센터펀치를 이용해 드릴 접촉자리를 만든 후에 가공을 하는 방식을 취하고 있다.

드릴가공을 효과적으로 하기 위해 드릴 지그을 사용하는 것이 좋다. 드릴 지그는 드릴의 안내 역할을 하는 부싱(bushing)은 KS 규격으로 되어 있다. 보통 박스 형태의 고정구에 드릴 안내 부시를 부착한 것을 드릴지그라고 부른다. (2장 기계가공의 기초 "고정구와 지그"부분을 참조)

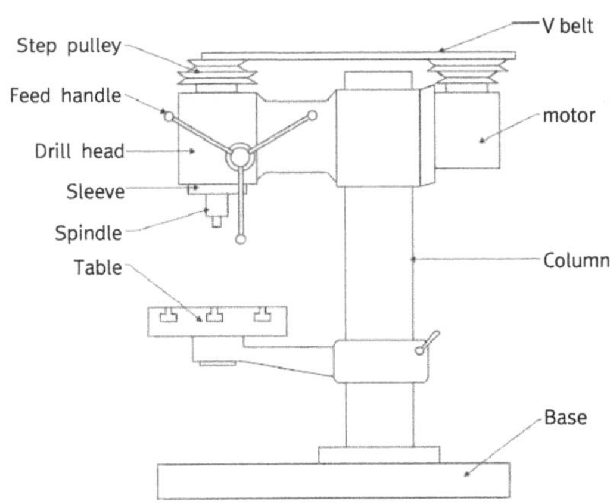

a) 탁상드릴머신의 구조

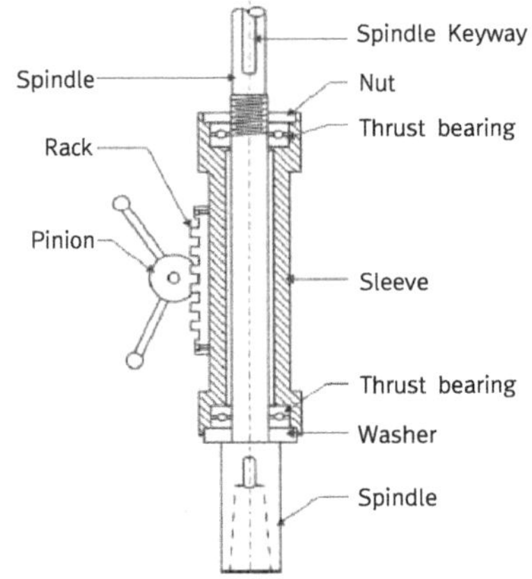

b) 드릴 스핀들의 구조

그림 5.9 드릴 머신의 구조

드릴 머시인의 구조와 스핀들 이송기구의 구조를 그림 5.9에 나타냈다. 드릴 머신은
① 이송 핸들 ② 스핀들 ③ 드릴 ④ 테이블 ⑤ 변속기 ⑥ 모우터
⑦ 테이블 상하 이송 핸들 로 구성되어 있다.

스핀들 이송기구는 래크와 피니온 기구에 의해 상하 이동을 하도록 되어있다.
① 스핀들 이송 기구 ② 래크와 피니언 ③ 스핀들

(2) 드릴 작업의 종류

드릴 머신에서는 다양한 작업을 할수 있다.(그림 5.9 참조) 기계부품의 제작에서 구멍가공을 필수적인 요소이다. 통계에 의하면 기계부품의 80%는 드릴작업이 포함된다.

그림에 포함되지 않았지만 태핑척을 이용해 태핑작업도 할 수가 있다.

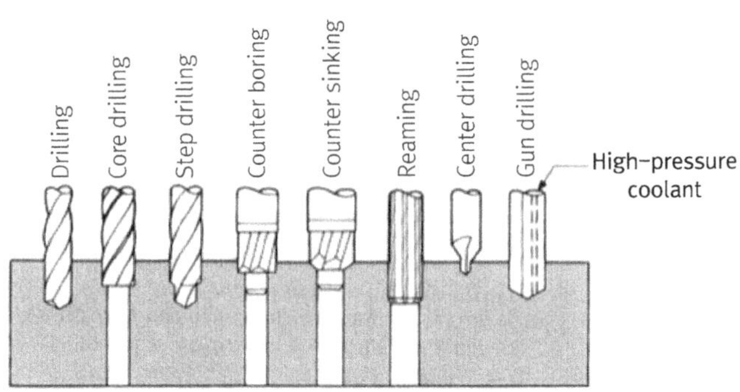

그림 5.10 드릴작업의 종류

(3) 드릴 날의 구조

표준 드릴날의 선단각(Point angle)은 118 도를 사용한다. 드릴날의 절삭날은 중앙에 대칭으로 두 개가 있다. 칩의 배출을 위해 풀르트(flute)가 설치되어 있다. 깊은 구멍의 가공에는 칩의 배출이 중요한 문제가 된다. 칩처리를 위해 드릴날의 끝 부분에 웨지를 두는 경우도 있다.

트위스트 드릴은 고속도강으로 제작한다. 드릴의 직경이 큰 경우(D = 8 mm 이상)에는 초경합금 인서트을 이용한 드릴을 사용할 수 있다.

드릴 선단의 정(chisel edge) 부분을 주목해야 한다. 드릴 선단은 절삭작업을 하지 않는다. 정과 같이 금속을 밀어내는 역할을 한다. 큰 구멍을 가공하기 위해 작은 구멍을 먼저 가공하고 난후에 가공을 하면 쉽게 가공할 수가 있다. 드릴의 축방향으로 작용하는 드릴절삭력이 드릴의 중심부에서 크게 작용하기 때문이다. 드릴날의 경사각은 중심에서 외측으로 갈수록 크다. 드릴날의 구조와 기능에 대해서 별도로 학습하는 것이 필요할 것이다.

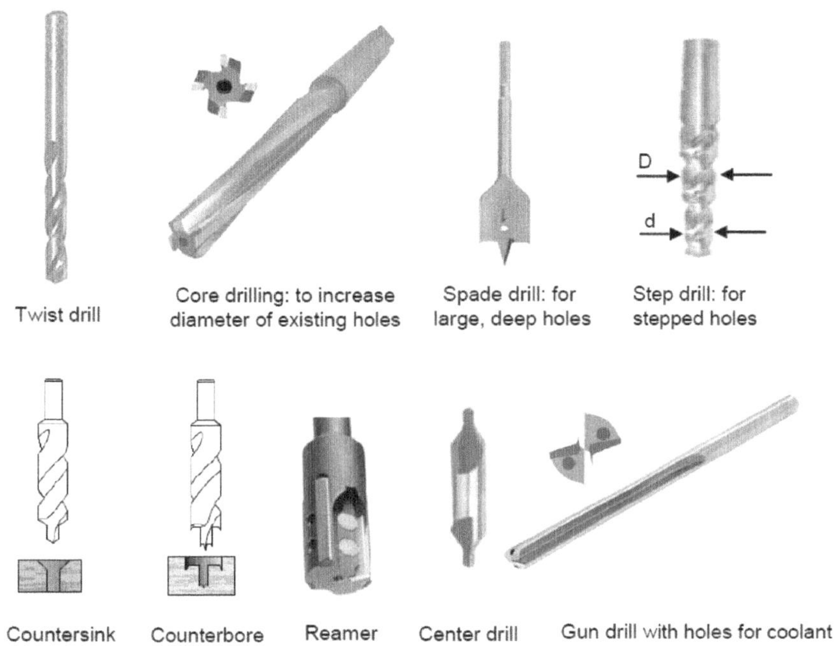

그림 5.11 다양한 드릴공구

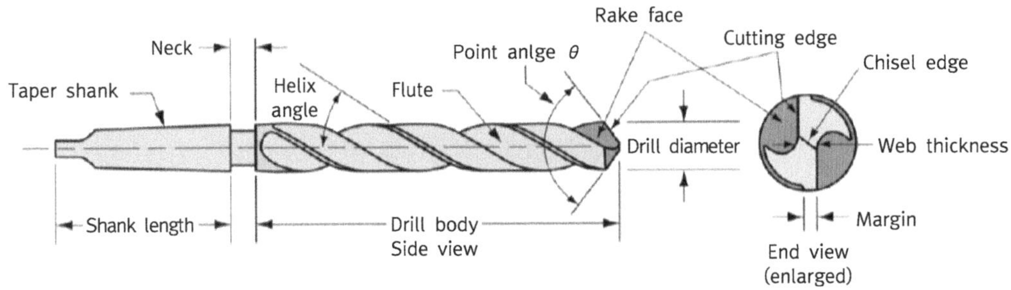

그림 5.12 드릴날의 구조

(4) 드릴의 절삭속도

드릴의 절삭속도와 드릴의 회전수 결정은 트위스트 드릴의 지름 크기와 드릴의 재질과 공작물의 재질에 의하여 결정된다. 드릴의 절삭속도와 회전속도는 다음과 같이 구한다.

절삭속도 : $V=\pi DN/1000$

회전속도 $N=1000V/\pi D$

N: 드릴의 매분 회전수(rpm),

V: 절삭 속도(m/min), D:드릴의 지름(mm)

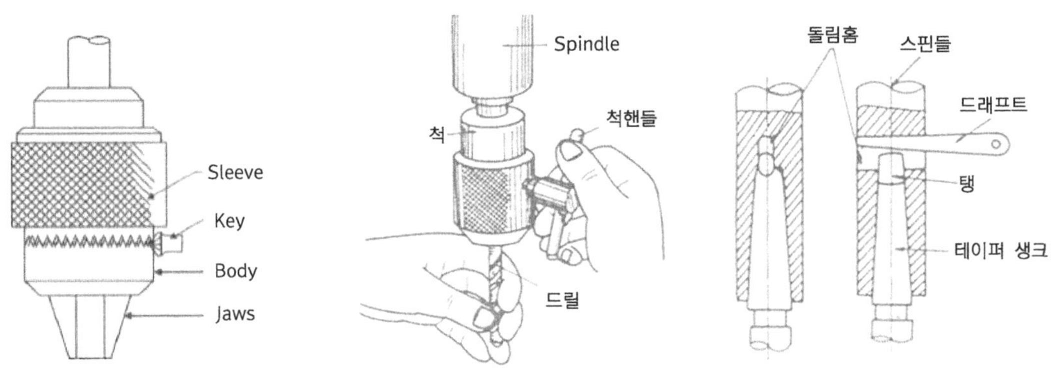

a) 드릴 척　　b) 드릴날의 설치　　c) 테이퍼 생크 드릴 설치

그림 5.13 드릴척과 드릴의 설치

(5) 드릴날의 설치

① 스트레이트 생크 드릴의 설치법 (그림 5.13(b) 참조)

드릴척의 3개의 조오(jaw)로 둥근 자루를 쥔다. 장치할 수 있는 최대 지름은 13 mm까지 규정되어 있다. 조오의 죔은 척 핸들로 하고 조임이 헐거울 때에는 자루 부분이 미끄러져서 척의 조오와 드릴의 자루 부분이 손상 된다.

② 테이퍼 생크 드릴의 설치법(그림 5.13(c) 참조)

모오스 테이퍼 생크의 번호가 스핀들의 테이퍼와 같을 때에는 스핀들의 돌림 홈과 탱과의 위치를 맞추어 단단히 끼운다.

드릴을 뺄 때에는 드래프트로 홈에 끼워서 머리 부분을 해머로 가볍게 두들겨서 뽑는다.

(6) 드릴 작업 방법

① 공작물을 바이스에 정확히 고정하고 작업을 해야 한다. 작은 물체의 경우 드릴 출구 쪽에서 과도한 토크가 작용할 수 있으므로 주의해야 한다.

② 드릴의 중심 센터를 펀치 자국에 맞추고 조금만 뚫은 후에 중심이 정확히 맞았는가를 확인한 다음, 중심이 맞지 않았으면 교정하고 드릴 작업을 한다. 드릴 작업을 할 때 처음에는 균일한 힘을 주어 절삭하고 관통되기 직전의 부분에서는 절삭 압력을 아주 약하게 주어야 한다. 절삭 압력을 크게 주면 드릴이 파손되거나 또는 드릴이 척에서 공회전하는 예가 발생한다. 또한 큰 지름의 구멍을 뚫으려고 할 때에는 작은 지름의 드릴로 안내 구멍을 먼저 뚫은 다음, 큰 드릴로 구멍을 뚫어야 정확한 드릴 작업을 할수 있다.

③ 올바른 리이머작업(reaming)과 카운터싱킹(counter sinking) 작업에 대해 그림5.14에 설명해 두었다. 구멍에 직각도를 맞추기 위해 직각자를 이용한다.

a) 리이머작업(reaming) b) 카운터싱킹(counter sinking) 작업

그림 5.14 리이머작업(reaming)과 카운터싱킹(counter sinking) 작업

5.4.5 탭(Tap) 작업

부품에 드릴 작업으로 구멍을 뚫고 그 구멍에 나사산을 내는 작업을 탭작업(Tapping)이라 한다. 환봉에 나사를 내기 위해서 다이스(dices)공구을 사용한다.

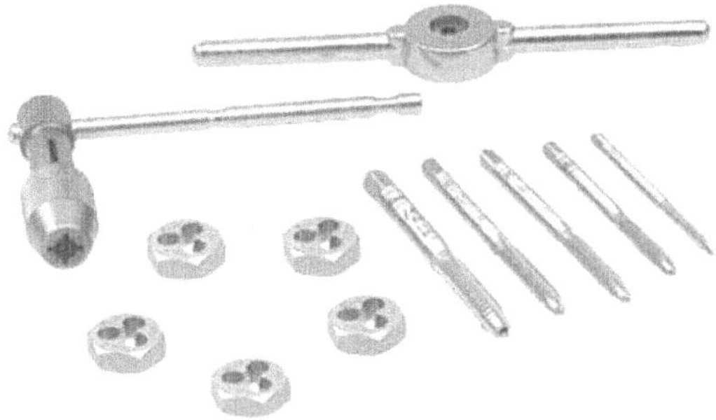
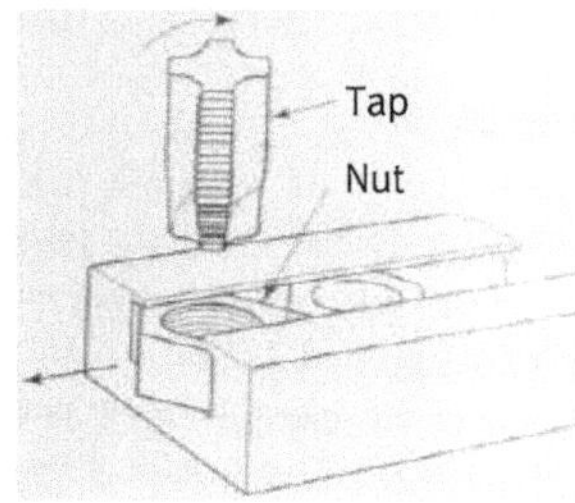

그림 5.15 탭(tap) 과 다이스(dices)

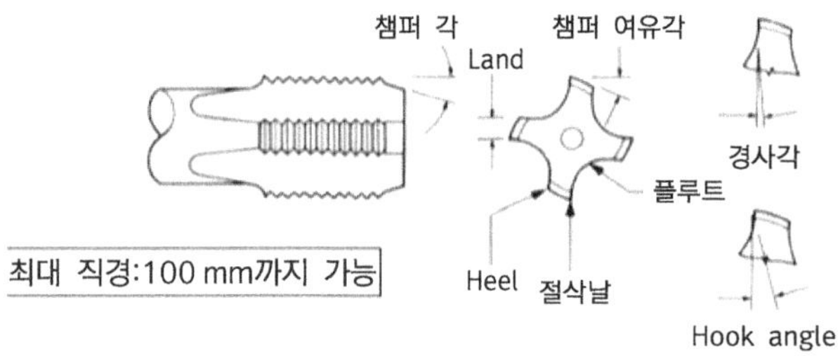

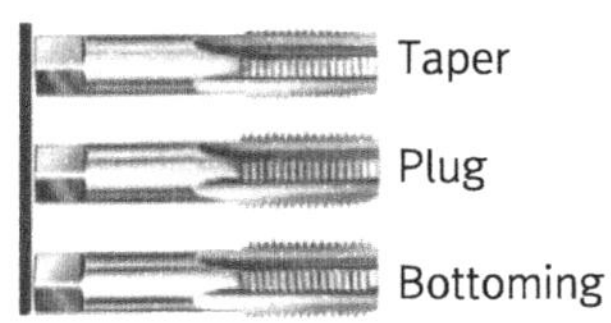

탭은 3개가 1세트로 구성됨

그림 5.16 탭의 구조 및 절삭각

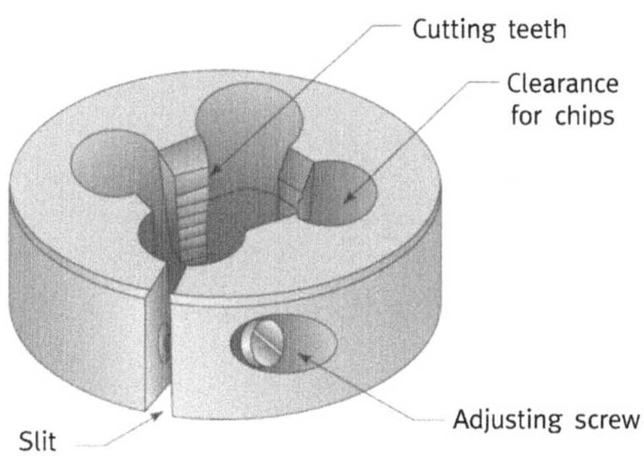

그림 5.17 다이스(Threading die)의 구조

표 5.1 태핑작업을 위한 기초구멍의 드릴 직경(미터나사, 단위 mm)

나사 호칭	드릴 직경	나사 호칭	드릴 직경	나사 호칭	드릴 직경
M3	2.6	M8	6.8	M16	14.1
M4	3.4	M10	8.6	M18	15.6
M5	4.3	M12	10.3	M20	17.6
M6	5.1	M14	12.1	M22	19.6

이 때 사용되는 공구를 탭이라고 부르며 완전한 나사를 완성하기 위해서는 나사의 나사산의 높이 만큼 작은 구멍을 뚫은 후에 태핑작업을 해야한다.

기본적으로 태핑을 위한 드릴의 구멍은 다음과 같이 구한다.

기초 구멍의 드릴의 직경[d] = 나사의 바깥지름(호칭치수)[D] - 나사의 피치[p]

표 5.1에 나사를 내기 전 구멍규격을 나타내었다.

탭은 1조가 3개로 구성되어 있다. 1번(taper), 2번(plug), 3번 탭(bottoming)순으로 탭 핸들을 이용해서 미리 준비된 구멍에 나사를 가공한다. 1번 탭은 2번 탭보다 탭 입구쪽의 테이퍼 부분이 길어서 쉽게 구멍에 삽입할 수 있도록 되어 있다.

① 탭작업 중에는 탭 핸들의 양손에 균일한 힘을 주고 시계방향으로 돌린다.
② 절삭유를 사용하면서 매회 3/4 회전 한후에 반대로 1/4 회전 한다. 깊은 구멍일 때는 탭을 자주 빼내어 칩을 털어 낸다.
③ 특히 관통되지 않는 구멍에 나사를 내는 경우 구멍의 저면에 부디치지 않도록 주의한다.
④ 작업도중 탭이 구멍에 직각이 되어야 한다. 직각 정규를 이용해서 직각도를 유지하도록 한다.

암나사(Nut)를 내는 경우에는 다이스(dies)를 이용한다.

작업방법은 탭의 작업과 동일한 방법으로 진행한다.

[참고] [태핑보조장치(Tapping attachment)]

태핑보조장치(Tapping attachment)는 드릴 스핀들 축에 설치해서 사용할 수 있다. 태핑보조장치는 드릴 스핀들이 시계방향으로 회전하면서 미리 가공된 구멍으로 나선운동을 하면서 나사절삭 작업을 한다. 나사절삭이 완료되면 구멍 출구에서 릴리즈 된 후 나사부을 보호하기 위해 반시계 방향으로 회전하도록 되어 있다. 생산현장에서 많이 사용하고 있다.

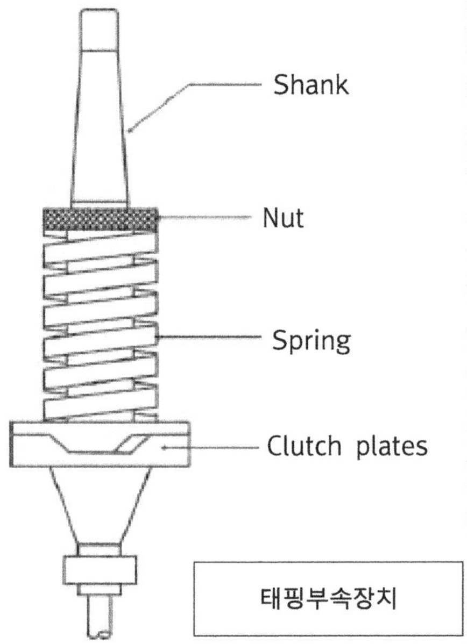

그림 5.18
Tapping attachment

표 5.2 접시머리 나사의 규격(실습과제에 사용)

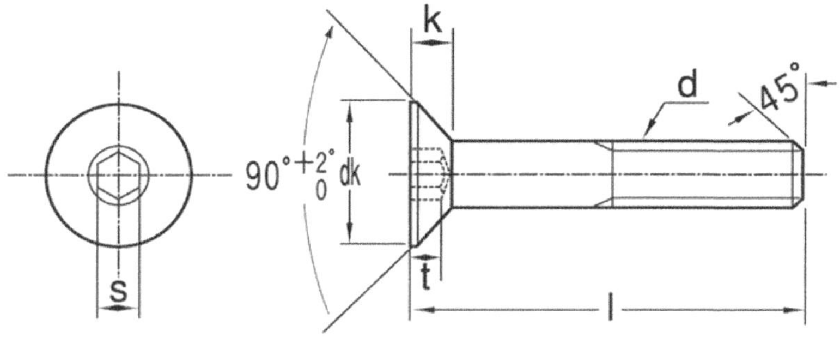

Screw Nominal (d)		M2	M2.5	M3	M4	M5	M6
Pitch		**0.4**	**0.45**	**0.5**	**0.7**	**0.8**	**1.0**
dk	**Reference Dimensions**	4	5	6	8	10	12
	Tolerance	0 -0.3			0 -0.36		0 -0.43
k	**Dimensions**	1.00 to 1.20	1.25 to 1.50	1.56 to 1.70	2.16 to 2.3	2.66 to 2.80	3.12 to 3.3
s	**Dimensions**	1.27 to 1.30	1.51 to 1.56	2.02 to 2.08	2.52 to 2.58	3.02 to 3.08	4.03 to 4.105
t	**Dimensions**	0.60 to 0.75	0.60 to 0.80	0.95 to 1.20	1.55 to 1.80	2.05 to 2.30	2.25 to 2.50

연습문제[Lab Quiz]

이름 : ____________ 실습일자 및 시간 : ____________

학번 : ____________ 보고서 제출일 : ____________

1. 톱날의 경사각과 여유각을 그리고 그 기능을 설명해 보시오.

2. 다음 그림은 드릴작업의 종류이다. 그 작업이름을 적어보시오.

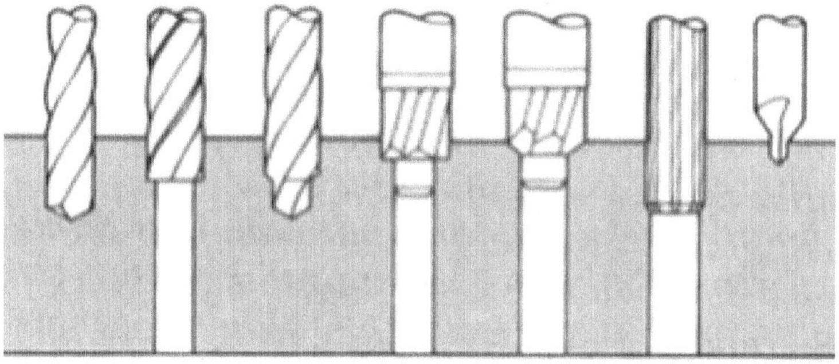

3. 드릴 작업에서 센터펀치로 먼저 위치를 잡는 작업을 한다. 이유가 무엇인지 설명하시오.

4. 드릴날의 구조를 그리고, 치즐에지(chisel edge)의 기능에 대해 설명하시오.

5. "M6" 나사작업을 위해 사용하는 드릴의 직경은 얼마인가? 그 크기가 직경 6 mm보다 작은 이유를 설명하시오.

6. 톱날과 줄의 절삭과정을 간단히 설명하시오.

6장

연삭가공

6.1 목적

표면정밀도 높이기 위해 연삭가공을 한다. 실습을 통해 연삭의 기본지식, 연삭기의 취급방법, 연삭숫돌의 선정, 작업조건의 결정 방법을 학습한다.

6.2 연삭과제

연삭과제는 실습시간 및 여건에 따라서 실시한다. 밀링가공 실습으로 제작한 "부품 ③ 이송 축 고정나사"을 연삭작업에 사용한다.

※ 과제의 수행 시간을 고려해, 홈 부분의 연삭은 실시하지 않아도 무방하다.

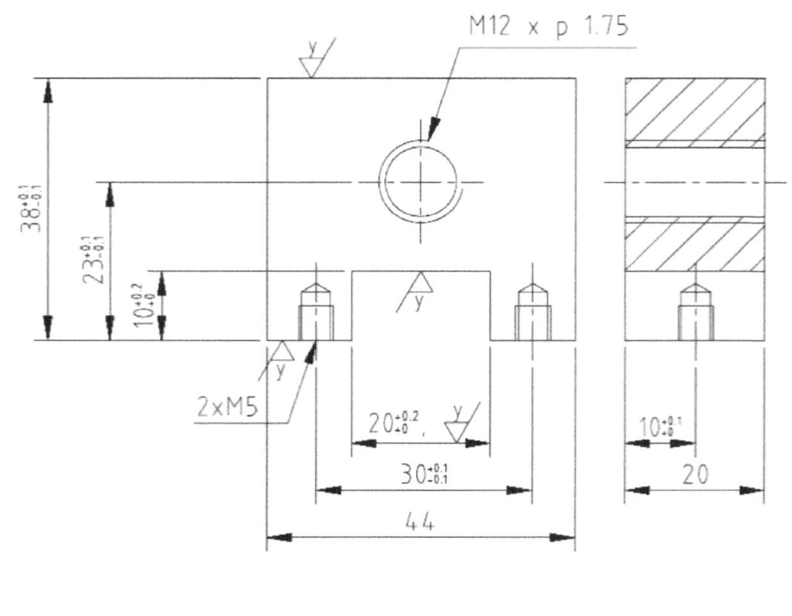

[연삭숫돌의 절삭조건]
- 연삭숫돌 "WA-46-K-m-V"
- 연삭숫돌의 원주 속도 : 1,200 ~ 1,800 m/min
- 연삭가공여유 : 0.5 mm
- 연삭깊이 :
  거친연삭 : 0.01~0.07 mm,
  다듬연삭 0.0025~0.005 mm
- 연삭액 : 수용성 연삭액 (유화유)

그림 6.1 연삭과제("부품 ③ 이송 축 고정나사")

6.3 관련지식

6.3.1 연삭가공

경도가 매우 큰 연삭입자를 사용해 연삭숫돌을 만들고 고속으로 공작물과 상대운동(고속회전)을 통해 미세한 절삭작용으로 정밀가공하는 것을 연삭이다. 연삭은 예리한 입자에 의한 미소가공이라는 측면에서 밀링, 선삭과 같은 절삭작업의 일종이다.

연삭가공의 특징은

1) 연삭에서 절삭작용을 하는 입자는 일정한 형태의 밀링 또는 선삭과 같이 일정한 공구각을 갖지 않는다. 바이트에 의한 절삭보다 상당히 큰 부의 경사각(Negative rake angle)을 갖는 특징이 있다.
2) 일반적인 절삭가공으로는 가공이 어려운 경한재질의 공작물을 효과적으로 가공할 수 있다.
3) 연삭에서 제거되는 칩은 극히 작다. 한 개의 연삭입자 날은 1 μm내외의 값이 된다. 연삭다듬질면의 정밀도가 높은 이유이다.
4) 연삭속도의 절삭속도는 1500 m/min 이상이다. 바이트에 의한 절삭속도 보다 약 10~20배이상 큰 고속절삭에 해당한다. 연삭이 이루어지는 점에서 온도가 대단히 높다. 연삭과정 중에 스파이크(spark)로 인해 불꽃이 튀게 된다. 연삭중에 발생하는 연삭열은 연삭균열, 연삭소손(grinding burn) 등의 원인이 된다. 얇은 판의 연삭에서는 공작물 변형의 원인이 된다.

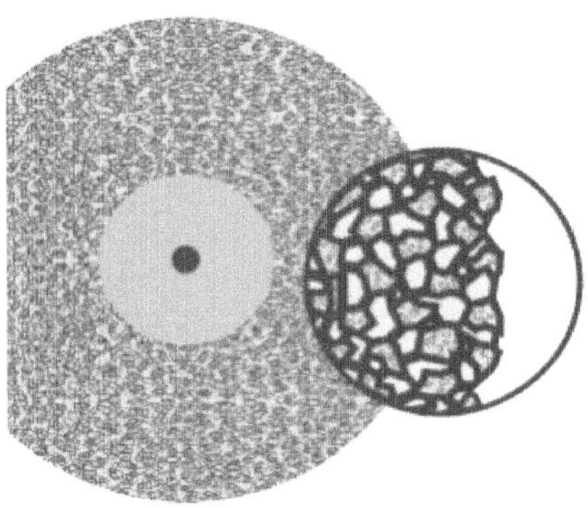

a) 연삭숫돌의 외형상 구조

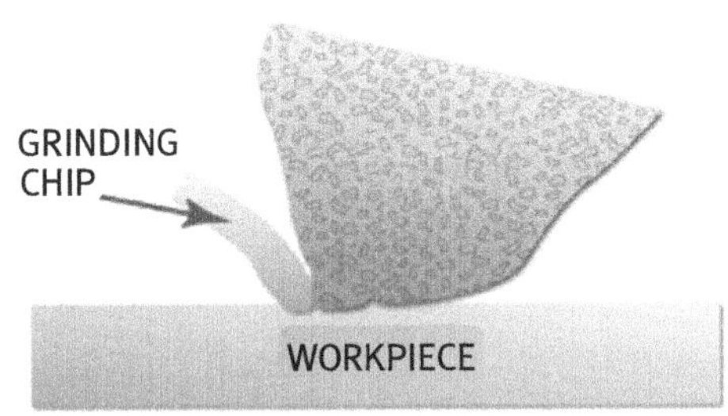

b) 연삭입자의 절삭작용

그림 6.2 연삭숫돌의 구조와 절삭 작용

5) 연삭날은 자생작용이 있다. 연삭입자가 마모되면 마모된 입자는 연삭저항에 의해 자연스럽게 탈락하고 새로운 연삭입자가 연삭작용을 하게 된다. 연삭입자의 결합도가 너무 커서 연삭입자가 탈락하지 않으면 연삭면은 버니싱(burnishing)이 일어나고 과도하게 가열될 수도 있다. 공작물과 작업조건에 따라 적절한 연삭입자, 결합재, 기공을 갖는 연삭숫돌의 선택이 중요하다.
6) 연삭입자의 절삭과정은 일정한 기하학적형상을 갖는 공구와 다르게 칩절삭비(cutting ratio), 전단각(shear angle) 과 같은 일반적인 변수로 해석이 불가능하다. 그렇지만 연삭입자의 절삭작용을 통계적인 방법으로 접근해서 연삭변수을 제어할 수 있다.

6.3.2 연삭기의 종류

외경연삭기(Cylindrical Grinding Machine), 내면연삭기(Internal Grinding Machine), 평면연삭기(Surface Grinding Machine), 공구연삭기(Tool Grinding Machine), 특수목적 연삭기 등으로 사용목적과 공구와 공작물의 상대운동형태에 따라서 분류된다.

외경연삭기는 보통외경연삭기, 센터리스 연삭기(Centerless Grinding Machine)가 있다. 평면연삭기는 주축의 방향에 따라 수직, 수평연삭기가 있다.

실습에서는 수평축 평면연삭기를 사용하게 될 것이다.(그림6.3)

a) 평면연삭기 b) 탁상연삭기, 센터레스(centerless) 연삭기

그림 6.3 연삭기의 종류

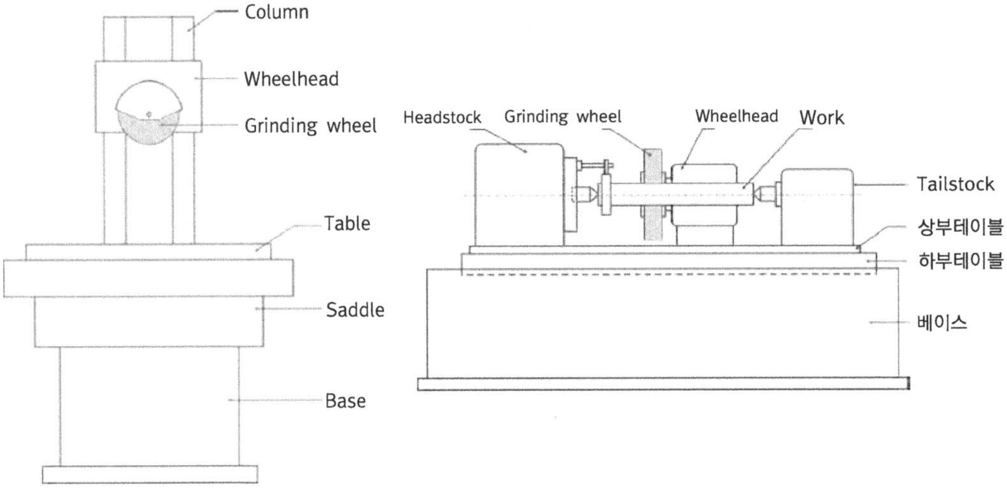

a) 평면 연삭기 b) 외경 연삭기

그림 6.4 연삭기의 구조

그림 6.4는 수평연삭기와 원통연삭기의 구조이다.

평면연삭기는

① Column ② Wheel head ③ Work table ④ Saddle ⑤Bed ⑥ Wheel 로 구성되어있다.

이외에도 공작물의 일정한 왕복운동을 도와주는 유압구동장치, 얇은 공작물을 쉽게 부착할 수 있는 자석척(Magnetic Chuck), 다양한 공작물 고정구(Workpiece holder)로 구성되어 있다.

6.3.3 연삭작업의 특징

연삭기에서 연삭숫돌은 대단히 중요한 역할을 한다.

연삭숫돌은 입자, 결합재(bond), 기공(Void)로 구성된다. 기공은 연삭입자에 의해 절삭된 미소 칩(chip)의 배출 및 임시저장작용을 하게 된다. 연삭입자에 적절한 기공이 없는 것은 드릴날의 flute, 밀링공구의 Fillet이 없는 것과 같다.

연삭입자는 매우 경한재질인 산화알루미늄(Al_2O_3), 탄화규소(SiC) 등의 입자를 결합제로 성형해 연삭숫돌을 만든다.

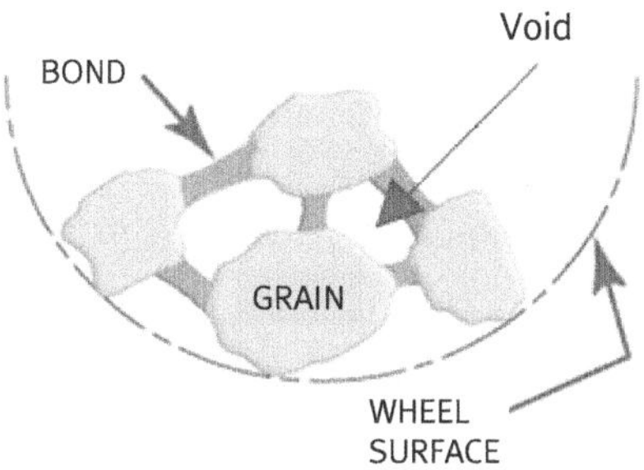

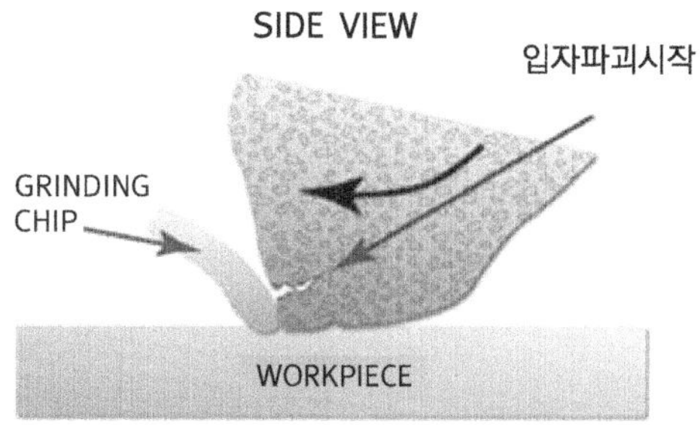

a) 연삭숫돌의 기본 구조 b) 연삭숫돌 입자의 탈락

그림 6.5 연삭숫돌의 구성 요소

결합제의 결합도에 따라 연삭입자 탈락의 용이성이 결정된다. 연삭숫돌의 결합도가 너무 크면 마모된 연삭입자가 탈락되지 않아서 연삭이 정상적으로 이루어지지 않고 가공 표면의 온도가 높아지고 버니싱작용에 의한 **글레이징(Glazing) 현상**이 발생한다. 보통 연삭숫돌의 결합력이 너무크면 입자의 날끝이 마멸하여도 입자는 탈락하지 않고 연삭면이 반들반들하여지고 연삭발열이 커져 절삭이 불가능하게 된다.

입자를 결합하는 결합력이 큰 연삭바퀴로 연질 금속을 연삭하거나, 기공이 작고 입자의 경도가 낮으면 **눈메꿈현상(Loading)**이 발생한다. 보통 기공에 연삭잎자에 의해 절삭된 미소칩이 쌓여 더 이상 칩을 저장할 수 없게 된다.

연삭입자의 결합도가 너무 낮으면 입자의 정상적인 자생작용이 이루어지기 전에 약간의 연삭저항이나 충격을 받아도 입자가 탈락하게 된다. 연삭숫돌의 소모가 현저히 빠르게 된다.

이러한 경우 새로운 연삭입자를 연삭숫돌 표면에 나타낼수 있고 연삭숫돌의 정삭정인 모양을 갖출 수 있도록 다이아몬드 입자로 된 드레서을 이용하여 **드레싱(Dressing)작업**을 수행한다.

연삭과정 중에 입자가 "마멸-파쇄-탈락-생성"이 연속적으로 이루어 지는 작업을 연삭의 자생작용이라 한다. 이것이 일반적인 절삭가공과 크게 다른 점이다.

6.3.4 연삭숫돌

(1) 연삭입자의 종류와 용도

연삭입자는 절삭공구와 같은 역할을 한다. 경도가 높은 재료를 사용한다. 정밀도가 높고 경면(mirror surface)을 요하는 작업에는 인조다이아몬드(Diamond), 입방정질화붕소(CBN)가 사용된다.

보통 알루미나계(Al_2O_3)와 탄화규소(SiC)의 2 종류가 있다. 알루미나계는 A, WA 탄화규소계는 C, GC 로 구분한다.

WA 숫돌은 A 숫돌보다 경도가 다소 높지만, 인성이 낮아 연삭중 잘 부스러지는 경향이 있으며 GC 숫돌은 C 숫돌보다 경도가 높으나 인성이 낮다.

탄화규소계 숫돌은 알루미나 숫돌보다 경도가 높지만 인성이 떨어진다.

탄소강, 합금강, 공구강, 스테인레스강 등 인장강도가 큰 재료의 연삭에는 알루미나계 WA ,A 가 적당하다. 특히 접촉면적이 넓고 연삭에 의한 발열을 피해야할 작업에는 WA 숫돌을 사용한다.

주철, 황동, 경합금 등 인장강도가 작은 금속에는 탄화규소계 GC, C 을 사용한다.

표 6.1은 입자의 종류에 따른 경도값이다.

표 6.1 연삭입자 재질에 따른 상대 경도 비교값

재질	경도(kgf/mm^2)	비교값
천연 다이아몬드	8,000 ~12,000	5
소결 다이아몬드	6,500 ~ 8,000	4
CBN	3,400 ~ 3,900	2.5
초경 K10	1,800 ~ 2,000	1

abrasive wheels, paper, tools　diamond grinding wheel for slicing silicon wafers　diamond dicing wheel for silicon

그림 6.6 다양한 연삭 숫돌

(2) 입도(grain size) : 입자의 크기

입자의 크기는 메시(mesh) "#"로 표시한다. #30은 체의 길이 1 inch에 30의 눈, 즉 1 평방인치에당 900개의 눈을 갖는 체를 통과하는 입자의 크기이다. 입자가 작을수록 다듬질면의 고와진다. #240의 입자는 경면과 광택을 내기 위해 사용한다.

표 6.2 표시입도와 연삭입자의 크기(부분적으로 표시함)

표시입도(#)	입자의 직경(um)	표시입도(#)	입자의 직경(um)
30	570-740	140	130-150
50	320-340	200	90-110
80	210-250	230	70-90
100	170-210	1000	15-25

(3) 결합도(grade)

연삭입자의 접합력의 세기를 결합도라고 한다. 숫돌의 경도(Hardness of wheel)라고도 부른다. 숫돌입자가 쉽게 탈락하면 "연(soft)하다"라고 하며, 탈락이 어려울 때는 "경(hard)하다"라고 한다. 공작물 재질 및 연삭조건에 따라 적절히 선택해야 한다.

① 연질재료는 경한 것, 경질재료는 연한 것을 선택한다.

②연삭속도가 큰 경우에는 연한 것, 작은 경우에는 경한 것

③연삭접촉면이 작은 경우는 경한 것 , 큰 경우에는 연한 것.

표 6.3은 결합제의 종류와 특징이다.

표 6.3 결합제의 종류와 특징

결합제의 종류		기호	특 징
Vitrified		V	점토 장석을 1300도 고온으로 굽는다. 광범위하게 결합도 조정이 가능하다. 연삭숫돌의 대부분을 차지한다.
Silicate		S	연삭입자를 성형하고 300도 정도의 저온에서 1~3일간 가열 대형크기의 숫돌제작
탄성	shellac	E	유기질 결합재. 탄성이 있으므로 얇은 숫돌 제작. 절단용
	rubber	R	아주 얇은 숫돌 제작
	resinoid	B	기계적강도가 크다. 탄성이 있고 발열이 작다. 건식연삭, 강력연삭에 적당.

(4) 조직(structure)

연삭숫돌의 조직은 단위 용적 중의 입자의 양, 즉 입자의 밀도를 나타내는 것으로 기공(void)의 크기를 표현한다. 밀도가 커지면 기공이 작고, 밀도가 작아지면 기공이 크게 된다.

입자율이 50% 이상인 것은 밀(dense), 40-50% 중, 42% 미만을 조로 나타낸다.

보통 조직은 다음과 같이 상대 숫자로 표현한다.

조 : 0,1,2,3 중 : 4,5,6 밀: 7,8,9,10,11,12

표 6.4는 연삭숫돌의 표시법과 관련내용이다.

표 6.4 연삭숫돌의 표시법

숫돌표시기호	A	36	L	S	V
기호의 설명	Abrasive type	Grit size	Grade	Structure	Bond
기호의 내용	WA,A,GC,C	#8~#600	A(soft) ~Z(hard)	1(dense)~16 (open)	본드의 종류 V,S,E,R,B
표시 (예)	WA	30	B	10	V

6.4 연삭작업 순서

6.4.1 연삭작업의 안전

연삭숫돌은 매우 고속으로 회전한다. 연삭숫돌이 정확하게 균형이 맞지 않으면 큰 사고가 유발될 수 있다. 다음 수칙을 반드시 사전에 검토하고 지켜야 한다.

① 연삭숫돌을 장착하기 전에 숫돌의 규격과 숫돌의 건정성 유무를 확인한다. 숫돌을 살짝 두들겨 소리로서 크랙 유무를 확인할 수 있다.
② 주축에 완전하게 장착되었는지를 확인한다.
③ 자석척의 작동 상태를 확인한다.
④ 공작물이 견고하게 자석척에 붙어 있는 지를 확인한다.
⑤ 과도하게 절입하지 않도록 한다.

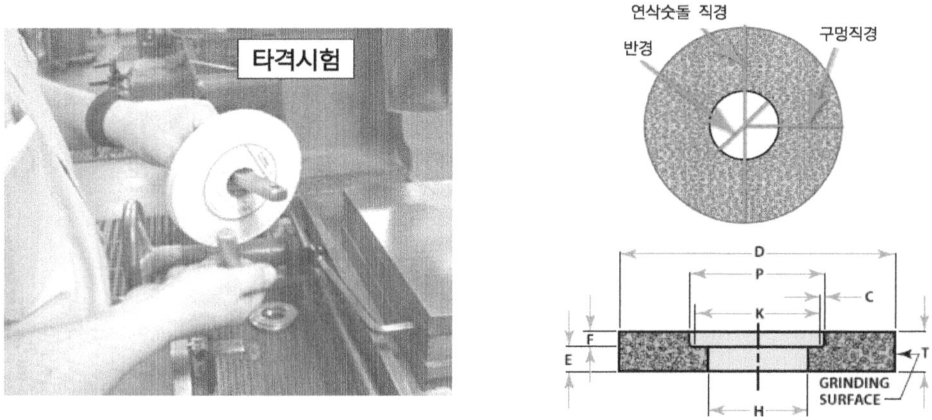

그림 6.7 연삭숫돌의 음향안전 검사 및 규격표시

6.4.2 연삭기의 작동 순서

① 연삭숫돌을 주축에 설치한다.
② 연삭기의 유압펌프, 연삭액의 공급 상태를 확인한다.
③ 연삭숫돌을 드레싱 작업을 한다. 다이아몬드 드레서를 척에 장착하고 드레싱을 한다.
④ 공작물을 설치한다
⑤ 연삭액를 공급하면서 연삭작업을 실시한다. 자동으로 테이블을 왕복 작동시키면서 작업한다.
⑥ 거친 연삭을 한 후에 다듬연삭을 실시한다.
⑦ 마이크로 메터와 다이얼 게이지를 이용해 자주 측정한다. 치수 및 형상 정밀도가 허용공차내에 들도록 한다.

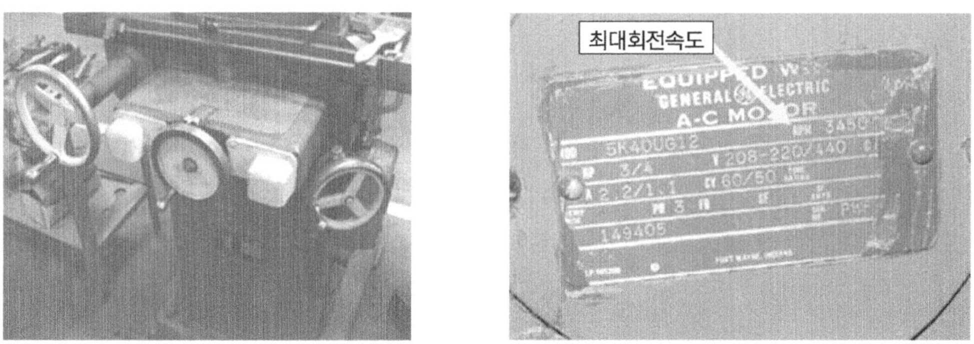

그림 6.7 평면연삭기의 조정 핸들과 최대 회전속도

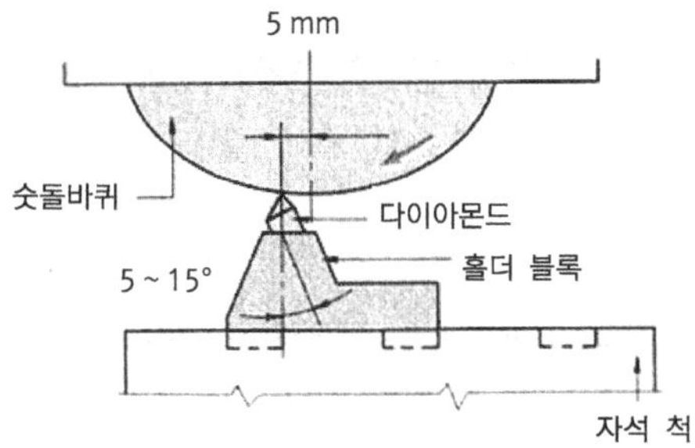

그림 6.8 드레싱 작업

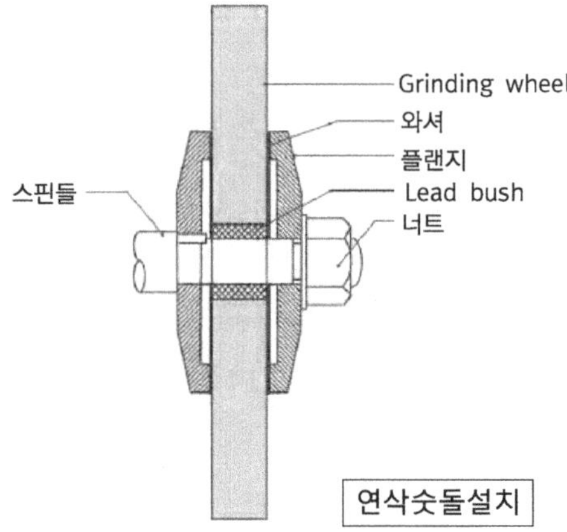

그림 6.9 연삭숫돌의 설치

6.4.3 연삭숫돌의 절삭조건

실습에서 사용하는 절삭조건은 다음과 같다.

- 연삭숫돌 "WA-46-K-m-V"
- 연삭숫돌의 원주 속도 : 1,200 ~ 1,800 m/min
- 연삭가공여유 : 0.5 mm
- 연삭깊이 : 거친연삭 : 0.01~0.07 mm, 다듬연삭 0.0025~0.005 mm
- 연삭액 : 수용성 연삭액(유화유)

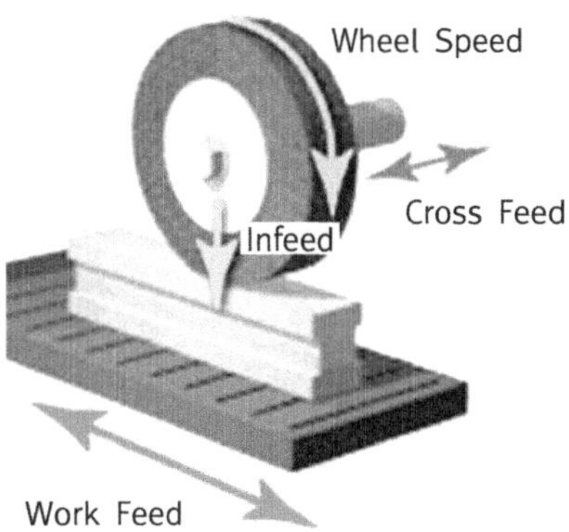

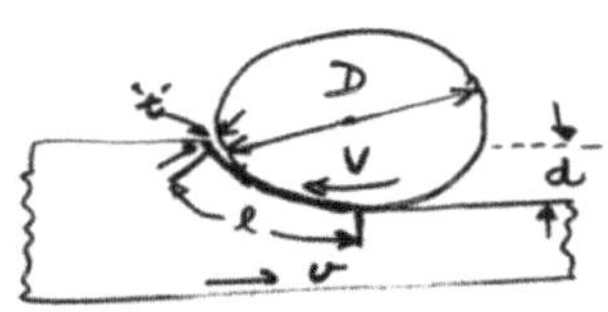

$$v \leq V$$

$$l \cong \sqrt{Dd}$$

여기서

t = grain depth of cut

l = length of undeformed chip

그림 6.10 연삭숫돌의 연삭변수

연습문제[Lab Quiz]

이름 : ______________ 실습일자 및 시간 : ______________

학번 : ______________ 보고서 제출일 : ______________

1. 연삭숫돌의 구성 3요소에 대해 설명하시오.

2. 연삭숫돌에 다음과 같이 표시되어 있다. 그 의미를 설명하시오.

표시내용 : "연삭숫돌 "WA-46-K-m-V"

3. 다음 용어를 간단히 설명하시오.

1) 글레이징(Glazing)

2) 눈 메꿈현상(Loading)

3) 드레싱 작업(Dressing)

4. 탁상 연삭기를 사용할 때 주의할 점을 설명해 보시오.

7장

선삭가공

7.1 목적

선반은 대표적인 공작기계로서 다양한 원형가공물을 가공할 수 있다. 선반가공을 통해 절삭에 대한 기본적인 개념을 이해하게 된다. 절삭공구의 기하학적 형상과 절삭작용, 절삭조건의 선정, 가공방법 등의 내용을 학습한다.

1) 선반을 사용하여 바이트로 외경과 길이 치수를 반복 절삭함으로써 정확한 가공방법과 측정 방법을 이해한다.
2) 선반의 구조를 이해하고 조작할 수 있게된다. 기본적인 외경 및 단면절삭을 할 수 있다.
3) 선반 바이트의 각도를 이해한다.
4) 절삭가공에서 칩의 생성을 이해한다.

7.2 선삭가공 과제

7.2.1 이송축 절삭 과제

※ 상황에 따라서 나사 부분은 탭과 다이스를 이용해 가공한다.

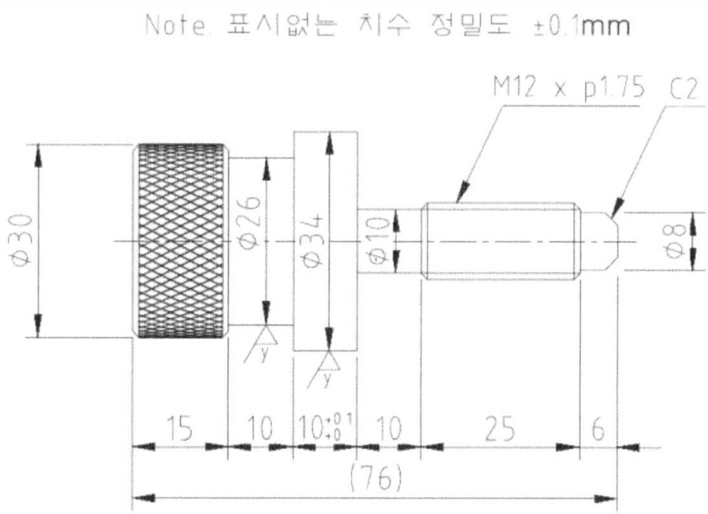

소요시간 : 8시간, 소요재료 재질 : SM 20C, 재료크기 : $\phi 90 \times 100$

그림 7-1 선삭 실습과제 도면(② 이송 축)

7.2.2 사용기자재

사용기계 및 공구	사용재료명	규격	수량
1) 보통선반 2) 서어피스 게이지 3) 바이트(황삭, 단면, 홈) 4) 너어링 공구 5) 버니어 캘리퍼스 6) 플라스틱 해머 6) 선반공구	환봉 재질:SM 20C	$\phi 90 \times 100$	1개

[SM45C, SM25C]

1) 기계구종용 탄소강을 말한다. KS에서는 탄소의 함유량에 따라서 기계 구조용 탄소 강재를 20종류로 분류되어 있다. 일반적으로 사용하는 것은 SM45C 이다.
2) 기호 표시법은 S(steel)와 C(carbon)을 의미한다. SM45C란 탄소의 함유량이 0.45%, SM20C는 탄소평균함유량이 0.20%인 강재를 의미 한다.

[SS400 은?]

일반 구조용 압연강재 SS(Steel-Structure)재라고 부른다. 탄소함유량이 적어 열처리가 되지 않아 그대로 사용한다. 연강이라고 불리운다. KS에서 'SS'의 기호, 일반구종용강재를 말하며 '400'은 최소인장강도 $400\ N/mm^2$ 를 의미 한다.

7.3 실습내용 및 실습순서

7.3.1 실습순서

1) 준비한다.
   ① 지급받은 도면, 공구 및 재료를 확인 한다.
   ② 작업대 위에 지급받은 공구를 정리한다.

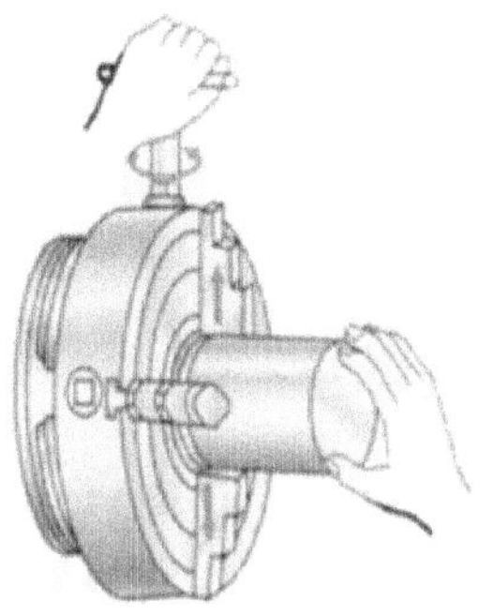

a) 단동척에서 공작물의 고정

b) 공작물의 중심 맞추기

그림 7.2 공작물 설치 및 중심 맞추기

2) 작업순서를 정하고 공구와 절삭조건을 정한다.(공정설계:process planning)
   ① 작업순서를 정한다.
   ② 공작물설치- 공구설치- 공작물 단면절삭-센터작업-계단절삭-모따기-너어링 작업-(**공작물을 돌려 고정한다**)-단면절삭작업- 다이스를 이용한 나사작업(척에 공작물이 고정되어 있는 동안 다이스를 이용해 나사 작업을 한다.)
   ③ 절삭속도, 이송, 마무리 가공을 위한 여유 등을 결정한다.

3) 공작물을 고정한다.
   ① 왼손으로 척 핸들을 잡고 오른손으로 공작물을 받쳐 조오 사이에 15~20 mm 정도 깊이로 고정한다.
   ② 척을 90°씩 돌려가며 각각의 조오를 차례로 조인다.
   ③ 왕복대 위에 서어피스 게이지 또는 다이얼 게이지 를 놓고 바늘끝을 공작물 표면에 접근시킨다.
   ④ 바늘 끝과 공작물 표면의 틈새가 같도록 1번과 3번 2번과 4번을 풀거나 조여서 중심을 맞춘다.

4) 복식 공구대에 바이트 고정을 한다.
   ① 적당한 높이의 받침쇠를 바이트 밑에 깔고 공구대에서 바이트의 돌출이 생크 높이의 1.5배 정도 되게 공구대에 설치한다.
   ② 서어피스 게이지 바늘 끝을 심압대 센터 끝에 맞추어 그대로 위치를 바꾸어 바이트 높이를 맞추거나 바이트 끝을 직접 맞춘다.
   ③ 복식 공구대 보울트는 1개씩 강하게 조이지 않고 같은 힘으로 조금씩 교대로 조인다.

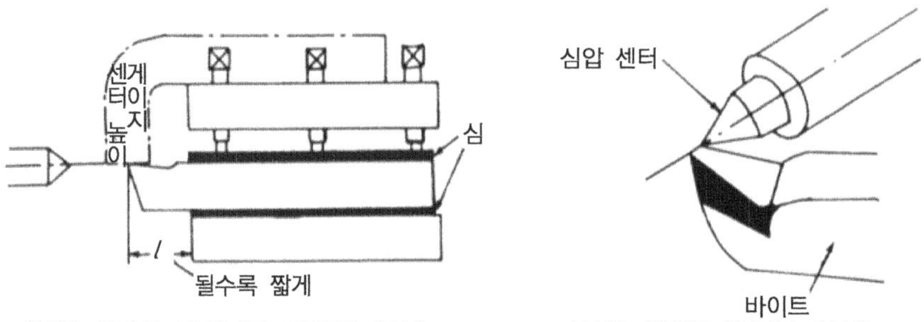

(심압 센터로 게이지로 바이트 설치) (심압 센터로 바이트 설치)

바이트는 공작물의 중심위치와 같아야 한다.

그림 7.3 바이트의 설치

5) 절삭순서에 따라 절삭을 한다.

① 왕복대를 움직여 바이트가 공작물을 깍을 수 있는 위치로 이동시킨다.

② 절삭 속도를 계산하고 변속 레버를 조정하여 회전수를 선택한다.

③ 바이트를 공작물의 단면에 대고 단면 절삭을 한다.

④ 단면이 고르게 깍이도록 이송을 고르게 한다. 이때 바이트가 공작물의 중심을 지나지 않도록 주의한다.

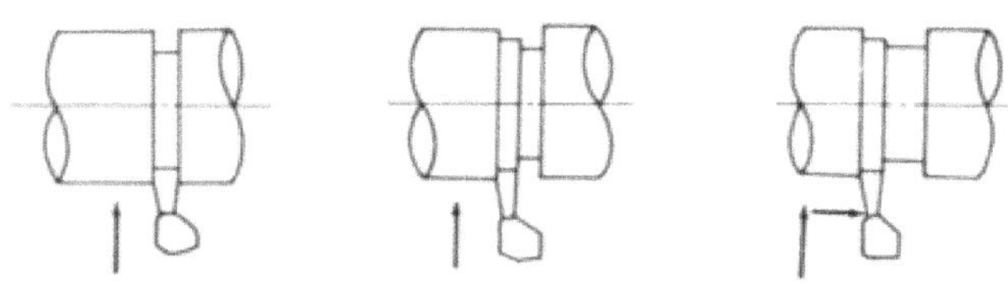

① 홈 가공 순서

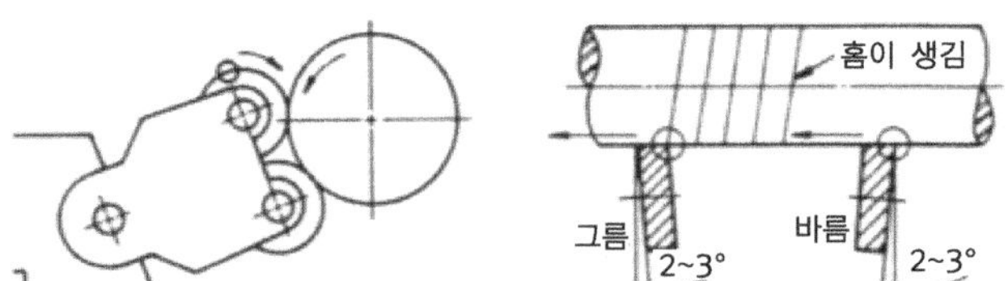

(a) 중심의 위치 (b) 설치 각도

② 너어링 작업의 주의점

그림 7.4 선반 가공실습 주요 작업 설명

(a)

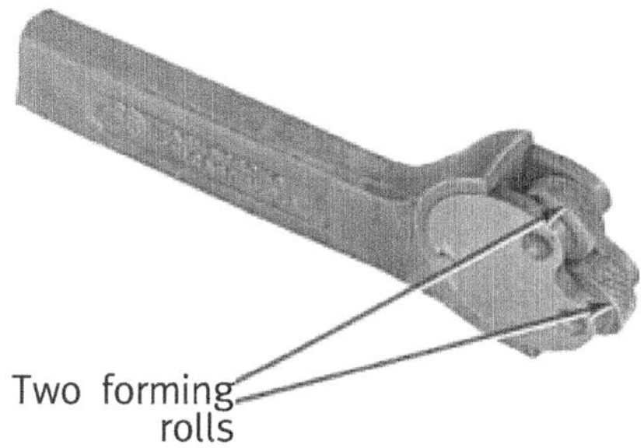

(b)

그림 7.5 너어링 공구와 너어링 작업

6) 너어링(Knualing) 작업
   ① 너어링은 소성 가공으므로, 가공 속도를 느리게 한다.
   ② 공작물 재질에 따라 다르지만, 연강의 경우는 가공 속도는 10~13 m/min으로 한다.
   ③ 이송은 0.4~1.4 mm/rev가 적당하다.
   ④ 너어링을 하게 되면 지름이 커지므로, 다음의 계산식으로 가공 치수를 정한다.

$$\text{가공치수} = \text{도면치수} - \left(\frac{\text{피치}}{2}\right)$$

   ⑤ 너어링 작업을 할 때에는 공구대, 심압대를 견고하게 고정한다.
   ⑥ 회전하는 일감에 너어링 공구를 가볍게 접촉시킨다. 이 때, 무늬가 형성되면 먹임양을 준다.
   ⑦ 너어링을 할 때 절삭유를 충분히 공급하고, 브러시로 칩을 제거한다.

7) 공작물을 돌려 물린다.
   ① 공작물을 풀어 반대편을 조우(jaw)에 보호판을 대고 고정한다.
   ② 전체 길이에 맞추어 단면을 절삭한다.
   ③ 거친절삭을 한 후에 다듬 절삭을 한다.

8) 공작물을 풀어낸다.
   치수를 검사하고 공작물을 척에서 풀어낸다.

9) 정리 정돈 한다.

7.3.2 안전 및 유의사항

1) 기계를 운전하기 전에는 반드시 점검과 주유를 한다.
2) 실습 중, 장갑을 껴서는 안된다.
3) 회전하는 공작물이나 척을 손이나 공구로 멈추게 하지 않는다.
4) 복장은 간편하고 단정한 실습복을 착용한다.
5) 칩의 제거는 반드시 브러시나 털이개를 사용한다.
6) 치수를 측정할 때에는 반드시 운전을 정지시키고 측정한다.
7) 막깍기 절삭을 할 때는 보호 안경을 쓴다.
8) 회전부에 손을 대고 제동하지 않는다.

7.4 관련 지식

7.4.1 선반의 구조와 기능

가공물을 회전시켜 원통형상으로 제작하는 과정을 선삭이라고 한다. 그림 7.6은 다양한 선삭작업의 종류를 나타내었다.

이러한 부품을 정밀하게 제작하기 위해서는 공작물의 회전력과 공구의 직선운동이 정밀해야 하며 선반의 구조는 이러한 운동이 가능하게 구성되어 있다.

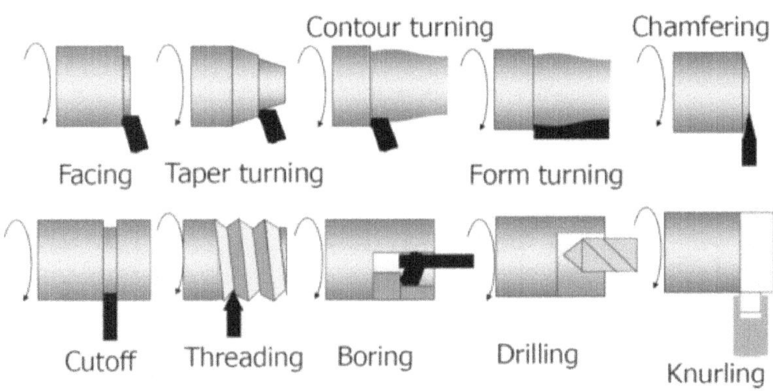

그림 7.6 다양한 선반 작업

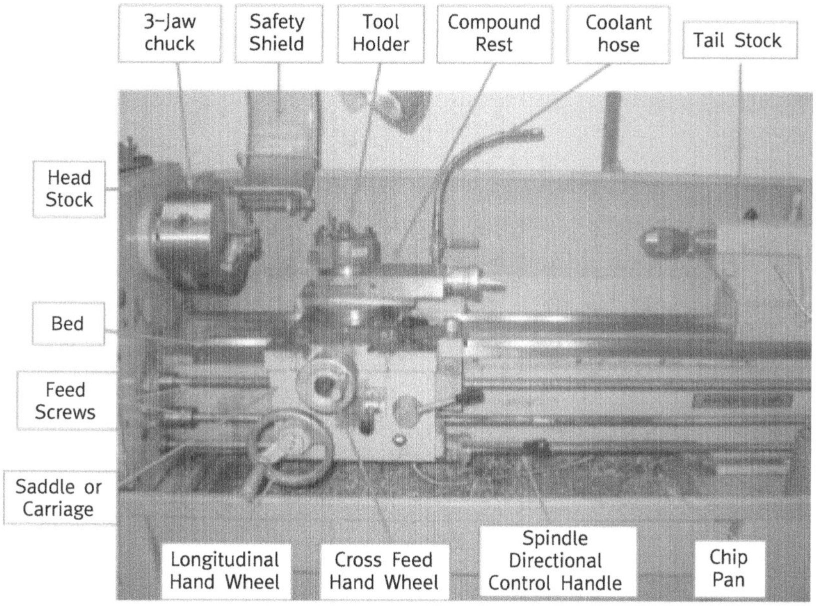

그림 7.7 보통선반의 구조와 명칭

그림 7.7은 가장널리 사용되는 보통선반의 구조와 각부명칭이다.

선반은 주축대(head stock), 심압대(tail stock), 왕복대(carriage), 베드(bed), 이송 장치(feed mechanism)로 크게 구분된다.

주축대(head stock)는 중공축으로 되어 있다. 길이가 긴 공작물은 중공축을 통과해서 설치할 수 있도록 되어 있다. 주축(spindle)의 오른쪽 단면의 외주에 나사가 되어 있어서 척을 고정할 수 있도록 되어 있으며 끝단은 테이퍼 슬리이브의 구조로 되어있다.

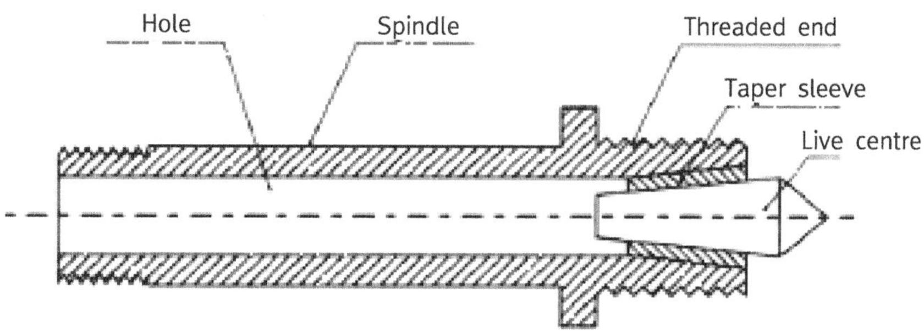

그림 7.8 주축의 구조(주축은 파이프형상으로 되어 있음)

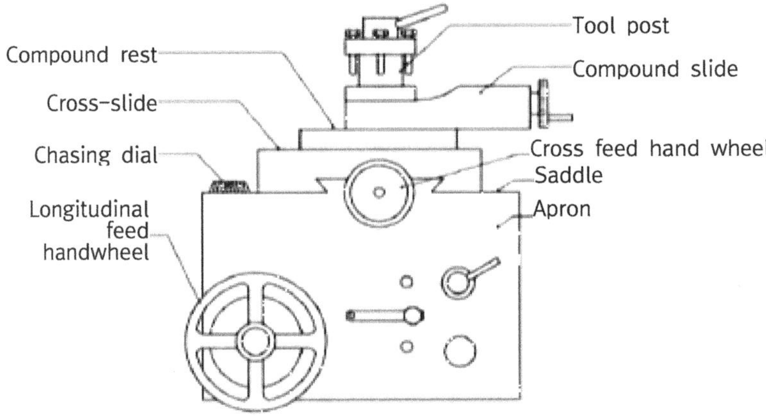

a) 선반 왕복대의 구조와 명칭

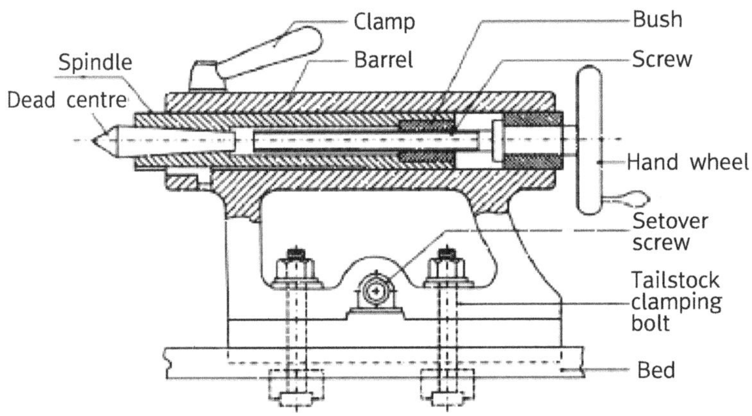

b) 선반 심압대의 구조와 명칭

그림 7.9 선반 왕복대와 심압대의 구조와 명칭

선반 왕복대에는 복식공구대(compound tool post)가 설치되어 있으며, 왕복대 이송 핸들과 자동이송 레버가 설치되어 있다. 왕복대 위에 새들(saddle)이 설치되어 있다. 왕복대는 위에서 바라보면 XY축 평면운동이 가능한 형태로 되어 있다.

심압대는 축(spindle)에 센터르 설치 할 수도 있고, 축의 테이퍼 부분을 이용해 테이퍼 드릴 등을 설치할 수 있다. 심압대 핸들은 조정하면 심압대 축의 이동뿐만 아니라, 심압대의 센터을 최대한 귀환시키면 심압대 축은 설치된 센터 및 테이퍼 드릴을 뒤편에서 밀게 되는 구조로 되어 있어 공구의 착탈을 편리하게 하도록 되어 있다.

주축의 회전속도와 동력전달은 모타와 주축사이의 변속장치(기어 혹은 벨트)에 의해서 이루어 진다. 왕복대의 자동이송과 주축의 회전속도와의 관계를 이용해 나사절삭을 할 수 있다. 나사절삭 기구와 가공원리가 그림 7.9에 있다.

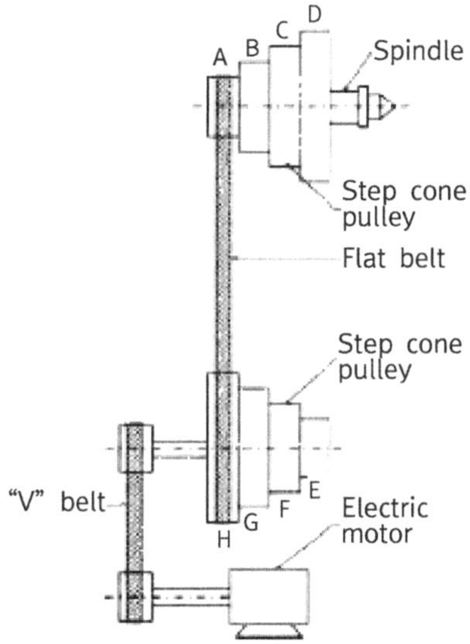

a) 벨트풀리를 이용한 선반의 동력전달

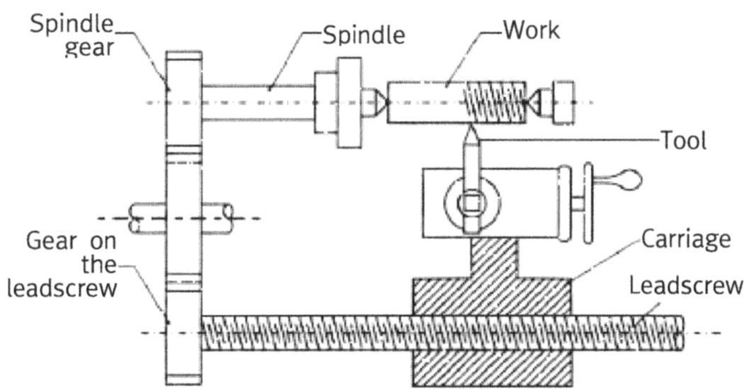

b) 선반의 나사절삭 기구의 원리

그림 7.10 주축의 회전속도 조정 및 나사절삭 기구의 개념도

a) 이송속도 조정용 변속 레버　b) 주축의 회전속도 조정 레버　c) 왕복대의 이송 핸들

그림 7.11 선반의 조정 레버와 핸들

7.4.2 선반 공작물의 고정

주축에 공작물을 고정하기 위해 다양한 방법이 있다. 선반 고정구는 주축의 회전력을 전달하면서 공작물이 절삭력에 견딜 수 있어야 한다.

가장 널리 사용되는 것이 주축에 척을 설치하는 것이다.

척에는 단동척, 연동척, 콜렛척이 있다. 이외에도 면판 돌리게 등이 있지만 선반척의 종류에 대해서 설명한다.

- 연동척 : 척 조우(jaw)가 3개가 있다. 척 조우 3개가 동심원으로 동시에 움직이도록 되어 있어서 원기둥과 같이 둥근 공작물을 고정한다.
- 단동척 : 척 조우(jaw)가 4개가 있다. 척 조우 각각 반경방향으로 움직인다. 원형이 아닌 각형 또는 다양한 공작물을 고정할 수 있다.
- 콜렛척 : 치수가 정확한 원형 또는 정다각형 공작물을 고정하는 데 사용된다. 공작물의 지름이 작은 경우에 많이 사용한다. 특히 공작물의 지름이 작고 긴 환봉은 주축내부를 통과할 수 있으므로 자동공급장치와 콜렛척을 이용해 다량생산에 유리하다.

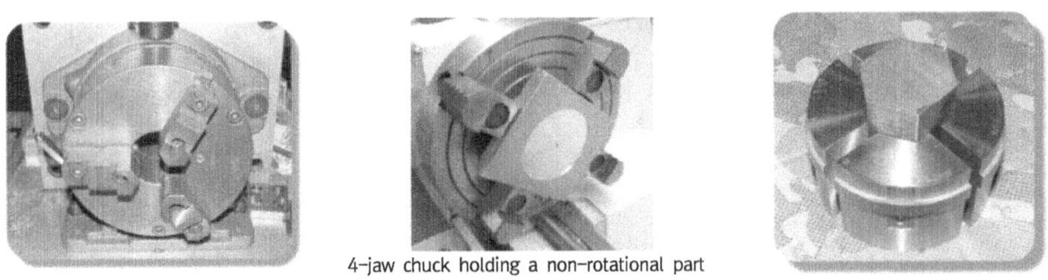

a) 연동척　b) 단동척　c) 콜렛척

그림 7.12 선반척의 종류

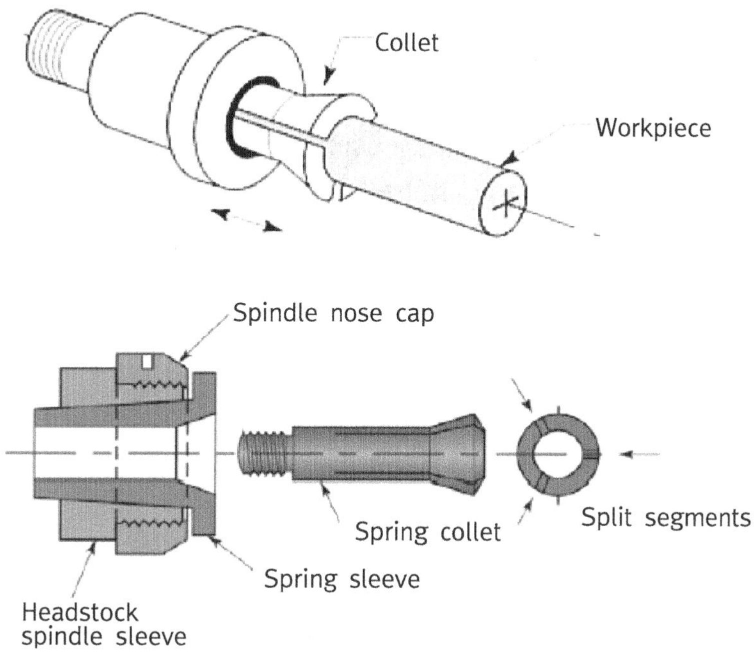

그림 7.13 콜렛척의 구조와 작동원리

7.4.3 선반 공구

공구 재질과 툴 홀더에 대해서는 2장 기본지식에 설명되어 있으므로 참고하기를 바란다.

여기서는 선반 공구의 기하학적 형상(바이트날의 각도)에 대해 설명한다. 절삭공구의 바이트날 각도 중 경사각이 가장 중요한 역할을 한다. 3차원 형상의 공구에서는 경사각(rake angle)은 상면경사각, 측면 경사각으로 구분된다. 경사각이 클수록 절삭저항이 작아지게 되고 절삭작용이 잘 이루어진다. 그러나 공구의 취성 마모 등을 고려해 경사각은 부의 경사각을 갖는 경우도 많이 있다.

여유각은 공구와 공작물의 간섭을 막기 위해 설치한 각으로 전면여유각과 측면여유각이 있다.

그림 7.15는 초경합금 인서트 공구의 공구각에 대한 설명도이며 나타난 공구각은 다음과 같다. 그림 7.16은 공구각 특징을 이해할 수 있도록 각각의 공구각을 설명도로 나타냈다.

( )안의 값은 그림 7.15의 공구각이다.

a : 상면(전면) 경사각(-15도)

b : 선단(전면) 여유각(5도)

γ : 측(면) 경사각(-5도)

δ : 측면 여유각(15도)

θ : 측면각

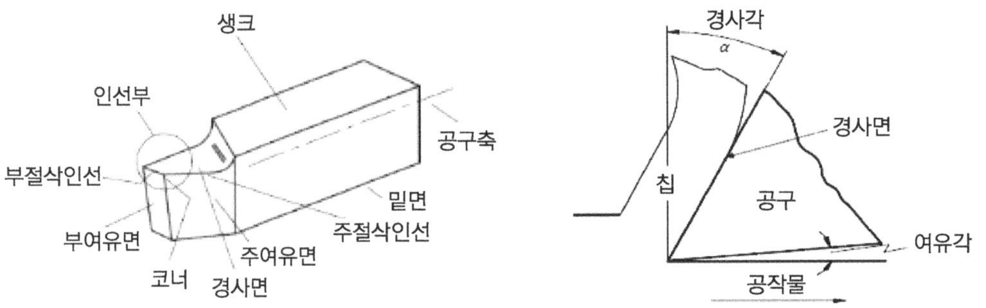

a) 공구의 각부 명칭 b) 공구의 경사각과 여유각

그림 7.14 공구의 각부 명칭과 경사각

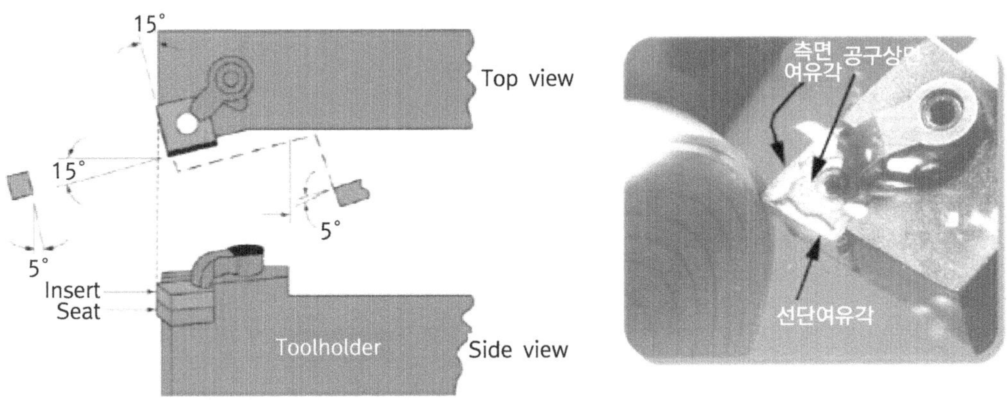

a) 초경합금 인서트 공구의 공구각 b) 선삭 절삭 과정

그림 7.15 인서트공구의 공구 각

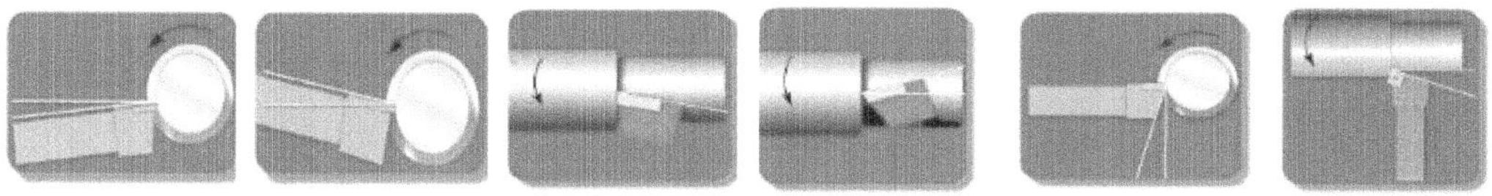

상면경사각(+) 상면경사각(-) 측면경사각(+) 측면경사각(-) 전면여유각 측면여유각

그림 7.16 공구의 각

표 7.1 공작물 재질에 대한 바이트 날의 추천각도

바이트 재질		초경합금(고속도강)			
공작물재질 / 바이트 각도		윗면경사각α	측면경사각θ	전면여유각β	측면여유각δ
주철	경질	0~6(5)	0~10(12)	4~6(8)	4~6(10)
	연질	0~6(5)	0~10(12)	4~10(8)	4~10(10)
탄소강	경질	0~10(8~12)	4~12(12~14)	5~10(8)	5~10(10)
	연질	0~15(12~16.5)	8~15(14~22)	6~12(8)	6~12(12)
청동	경질	0~5(0)	4~8(~2~0)	4~6(8)	4~6(10)
황동	연질	0~10(0)	4~16(~4~0)	6~8(8)	6~8(10)
알루미늄		5~15(35)	8~15(15)	6~10(8)	6~10(12)

7.4.4 선반의 절삭조건(절삭속도, 이송, 절삭깊이)

(1) 절삭 속도와 주축의 회전수

절삭 속도라는 것은 가공물이 가공 시간에 공구의 인선을 통과하는 원주 속도를 말하며 선반의 절삭 속도와 주축의 회전수와의 관계는 다음과 같다.

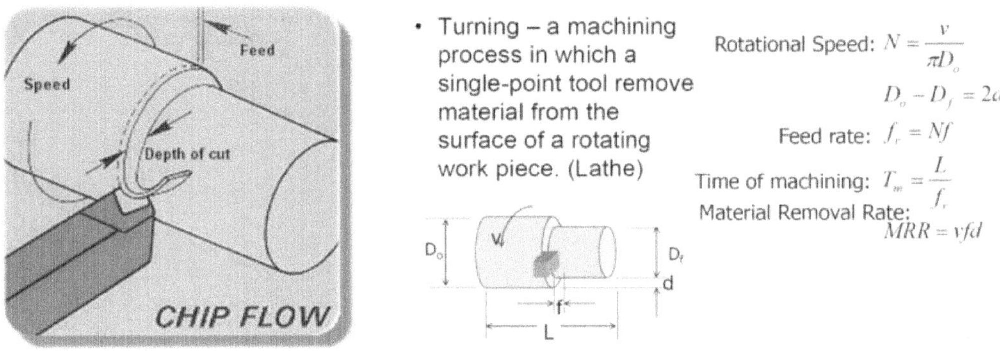

그림 7.17 선반작업에서 절삭변수의 정의

절삭 속도와 주축 회전속도는 다음 식으로 계산한다.

$$v = \frac{\pi d n}{1000} \qquad\qquad n = \frac{1000v}{\pi d}$$

여기서, v : 절삭속도(m/min)
n : 주축 회전수(rpm)
d : 공작물의 지름(mm)

표 7.2는 널리 사용되는 고속도강과 초경합금 공구에 대한 각종재료의 추천절삭속도 및 이송, 절삭깊이 이다.

표 7.2 공작물 재질과 절삭공구에 다른 절삭 깊이 및 이송
<절삭 속도(m/min) , 절삭 깊이(mm), 이송(mm/rev)> (비고) (1) : 고속도강 (2): 초경합금

공작물의 재질	공구재질	절삭 깊이	절삭 깊이	절삭 깊이	절삭 깊이	절삭 깊이
		0.13~0.38	0.38~2.4	2.4~4.7	4.7~9.5	9.5~19
		이송	이송	이송	이송	이송
		0.05~0.13	0.13~0.38	0.38~0.76	0.76~1.3	1.3~2.3
쾌삭강	1		75~105	55~75	25~45	16~20
	2	230~460	185~230	135~185	105~135	55~105
저탄소강 저합금강	1		70~90	45~60	20~40	13~20
	2	315~365	165~215	120~165	90~120	45~90
니켈크롬강	1		45~60	30~40	20~40	13~20
	2	130~165	100~130	75~100	55~75	20~55
스텐레스강	1		30~45	25~30	15~20	9~15
	2	115~150	90~115	75~90	55~75	20~55
텅스텐강	1		35~45	25~35	20~25	10~20
	2	100~120	75~100	60~75	45~60	15~45
연질주철	1		35~45	25~30	20~25	10~20
	2	135~185	105~135	75~105	60~75	30~60
가단주철	1		35~45	25~35	20~25	9~20
	2	105~135	75~105	60~75	45~75	30~45
쾌삭연황동	1		90~120	80~90	45~75	30~45
	2	300~380	245~305	200~245	155~200	90~150
알루미늄	1	105~150	70~105	45~70	30~45	15~30
합금	2	215~300	135~215	90~135	60~90	30~60

연습문제[Lab Quiz]

이름 : ____________________ 실습일자 및 시간 : ____________________

학번 : ____________________ 보고서 제출일 : ____________________

1. 왕복대를 크게 나누면?
   ① 에이프런과 새들 ② 복식 공구대와 새들
   ③ 복식 공구대와 크로스 핸들 ④ 에이프런과 리이드 스크류

2. 선반의 구조를 크게 5가지로 분류하여 설명하시오.

3. 선반에서 사용할 수 있는 절삭공구는 무엇인가?
   ① 엔드밀 ② 리이머 ③ 브로치 ④ T홈 커터

4. 다음 중 선반의 왕복대에 있는 것은?
   ① 변속 기어 ② 회전 센터 ③ 에이프런 ④ 리이드 스크류

5. 길고 가는 봉재(보통 지름의 20배 이상)를 깍으려 할 때 사용하는 것은?
   ① 방진구 ② 심봉 ③ 돌리개 ④ 에이프런

6. 경도가 작고 연한 재질의 일감을 고속 절삭할 때 생기는 칩의 형태는?
   ① 유동형 ② 균열형 ③ 경작형 ④ 전단형

7. 표면거칠기 값을 작게하기 위한 절삭조건 중 틀린 것은?

① 절삭속도를 크게 한다. ② 절삭 깊이를 작게 한다.
③ 이송량을 적게 한다. ④ 절삭 깊이를 크게 한다.

8. 절삭공구가 가져야 할 기계적 성질이 아닌 것은?

① 고온경도 ② 내마모성 ③ 고온 취성 ④ 강인성

9. 소결 합금으로 된 바이트의 재료는?

① 탄소강 ② 고속도강 ③ 공구강 ④ 초경합금

10. 터렛 선반의 장점에 해당되지 않는 것은?

① 절삭공구를 방사형으로 장치한다.
② 동일제품을 가공할 때 드릴링 및 연삭 작업을 할 수 있다.
③ 다량 생산이 가능하다.
④ 공구를 교환하는 시간을 단축한다.

11. 다음 중 척작업에 해당하지 않는 것은?

① 조립작업 ② 길이깍기 ③ 내면깍기 ④ 표면깍기

12. 다음 중 절삭속도를 가장 빠르게 할 수 있는 재질은?

① 알루미늄 ② 황 동 ③ 청 동 ④ 연 강

13. 선반용 센터 자루는 주로 어떠한 테이퍼를 사용하는가?

① 브라운 샤프 ② 자아노 테이퍼 ③ 내셔널 테이퍼 ④ 모스 테이퍼

14. 선반에서 일반적인 센터 각도는?

① 40 ② 50 ③ 60 ④ 75

15. 선반의 리드 스크류 나사의 형태는 다음 중 어느 것인가?

① 삼각나사 ② 둥근나사 ③ 사다리꼴 나사 ④ 사각 나사

16. 다음 그림에서 선반의 명칭에 맞는 기호를 적어 넣으시오

① ______________ Compound Rest

② ______________ 3-Jaw Chuck

③ ______________ Cross-feed Hand Wheel

④ ______________ Bed

⑤ ______________ Longitudinal Hand Wheel

⑥ ______________ Cooland Hose

⑦ ______________ Spindle Directional Control Handle

⑧ ______________ Tail Stock

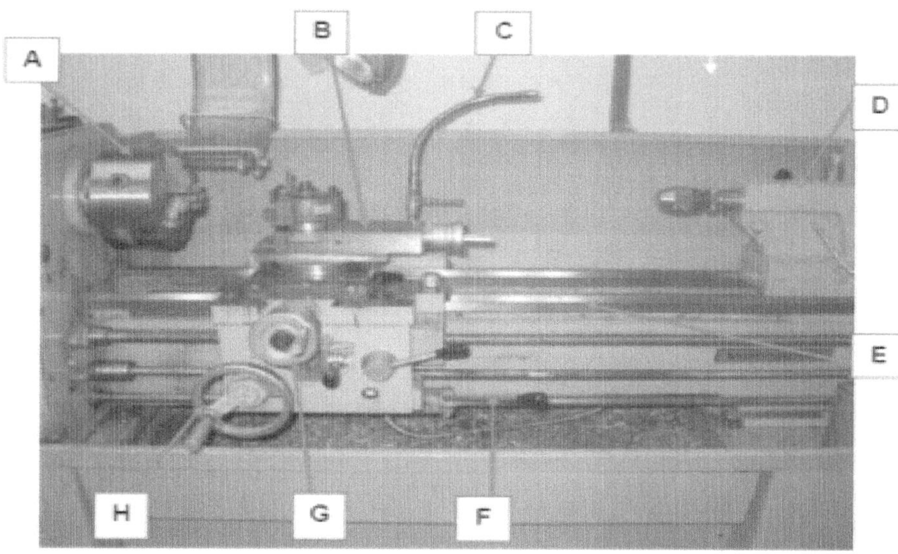

8장

밀링가공

8.1 목적

8.2 밀링가공용 과제

8.3 실습 순서

8.4 관련 지식

8.1 목적

밀링머신은 다양한 홈, 평면 등을 가공할 수 있어서, 기계부품의 제작에 널리 사용되고 있다. 밀링머신은 기본적으로 3축 운동(xyz)이 가능하다. 주축의 공구가 회전력을 전달하고 각축의 이송으로 형상을 가공하게 된다. 최근에는 5축가공기가 개발되어 3축 운동으로 절삭이 어려운 프로펠러의 가공 등에 사용하고 있다. X 축 과 Y 축에 회전운동 기능이 부가된 것을 5축 밀링머신이라고 한다.

여기서는 밀링머신인의 구조, 조작법, 절삭공구 및 절삭조건의 선택, 가공공정의 이해와 습득을 목적으로 하고 있다. 주요 내용은 다음과 같다.

1) 밀링머신의 조작 방법을 익히고 밀링 작업의 첫 단계인 직육면체로 가공하는 기본 작업을 수행한다.
2) 밀링바이스의 올바른 사용법을 이해한다.
3) 밀링커터의 특징과 밀링머신의 가공분야를 학습한다.
4) 밀링가공에서 상향정삭과 하향절삭의 특징을 학습한다.

8.2 밀링가공용 과제

8.2.1 평면 및 직각 홈 가공

밀링가공용 과제는 2개로 구성되어 있다. 가공 시간 및 상황에 따라 두 개 중 한 개를 과제로 선택할 수 있다. 부품 "③ 이송 축 고정나사", 부품 "④ 왕복 슬라이더"로 구성되어 있다. 나사부분은 태핑작업으로 완성한다.

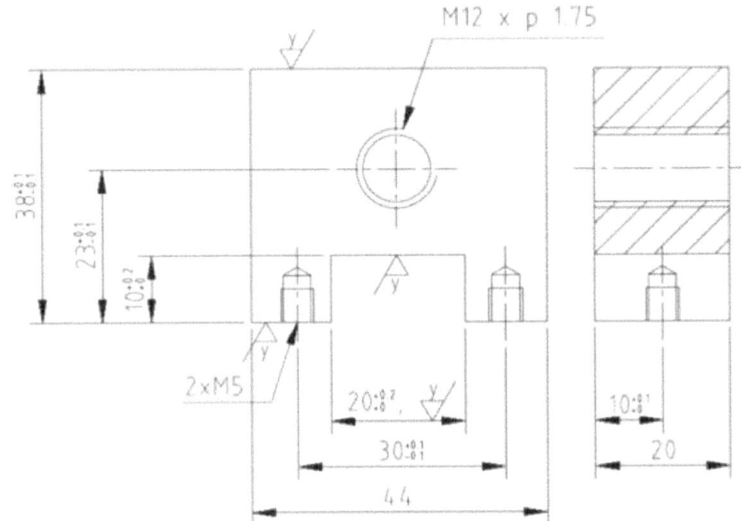

가공시간 : 6시간
재료 : S45C
재료의크기:
50X30X60
※ 나사부분은 태핑 작업으로 완성한다.

1) 이송 축 고정 나사(부품③)

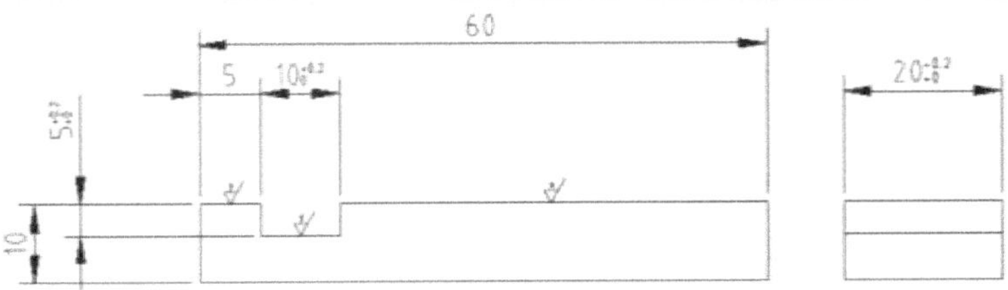

가공시간 : 2시간
재료 : S45C
재료의 크기:
30X20X70

2) 왕복 슬라이더(부품⑤)

그림 8.1 밀링가공용 과제

8.2.2 사용기자재

기 계				공 구			
품명	규격	수량	비고	품명	규격	수량	비고
밀링머신	200A	1대		기계바이스	300 mm	1	
				엔드밀(고속도강)	Φ16	1	
				평면커터(인서트)	Φ120	1	
				드릴		1	
				외측마이크메타		1	
				버니어 캘리퍼스		1	
				연질해머		1	

8.3 실습 순서

8.3.1 관련지식의 이해 및 공정계획

1) 밀링 기계를 이해하고 작동법을 숙지한다.(“4절 밀링의 구조와 작동법” 설명 참조)
2) 도면을 보고 공정순서를 작성한다.

- 공작물의 준비
- 가공에 필요한 공구의 준비
- 공구의 절삭조건(절삭속도, 이송, 절삭깊이)의 결정
- 거친 절삭과 마무리 가공의 여유 결정
- 밀링머신 바이스의 정밀도 검사
- 완성된 제품의 측정 및 검사

8.3.2 작업순서

공작물 고정 - 육면체가공 - 금긋기 - 홈가공(엔드밀) - 검사 및 마무리

(1) 공작물을 밀링바이스에 고정하고 평면을 가공한다.

공작물의 정확한 고정은 정밀한 가공을 할 수 있는 첫걸음이다.

밀링바이스의 평행도, 직각도를 검사하고 적절한 지지대를 이용해서 고정한다.

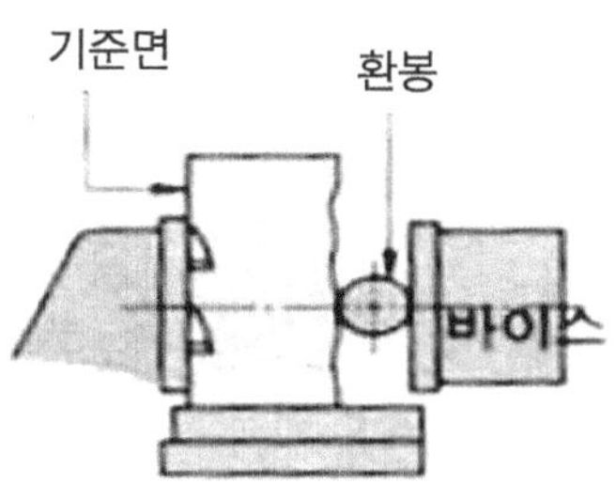

a) 기준면은 밀링용 바이스 고정 조우를 이용한다.

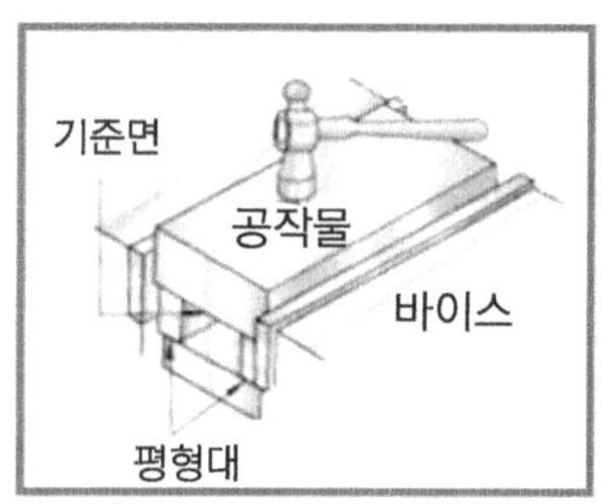

b) 공작물은 바이스 상부로 10mm 이상 돌출되지 않도록 한다.

그림 8.2 밀링용 바이스에 공작물 고정 방법

(2) 기준면을 가공한 후, 순서에 의해 직육면체를 가공한다.

가공후에 발생한 밀링 버어(burr)를 반드시 제거하고 공작물을 바이스에 고정한다. 밀링 버어는 그림 8.14를 참조한다.

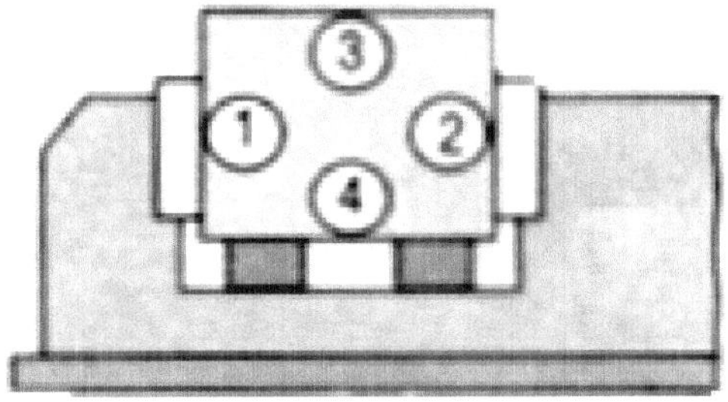

그림 8.3 공작물 평면가공 순서

(3) 엔드밀 가공을 위한 금긋기 작업을 한 후, 홈 가공을 한다.

엔드밀의 재질이 고속도강인 경우 절삭속도를 초경합금 공구보다 느리게 조정한다.

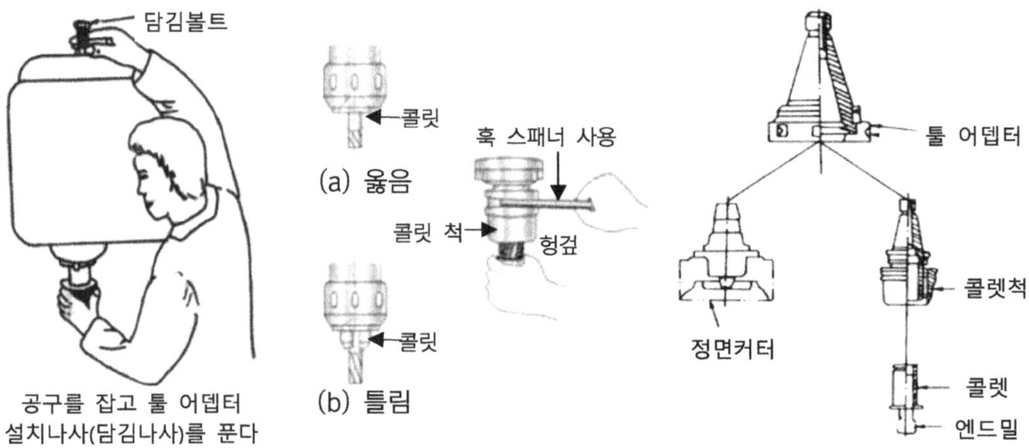

그림 8.4 밀링공구의 교환 작업 설명도

(4) 검사 및 마무리 가공을 한다.

8.3.3 안전 및 유의사항

1) 기계 기능과 각부명칭을 충분히 학습을 하고 기계를 작동한다.(4절 밀링머신 구조 참조)
   ① 시동 전, 기계 기구를 점점하고 시험해 본다.
   ② 레버나 핸들의 작동을 확인한다.
   ③ 각 스위치의 작동을 확인한다.
   ④ 주유부에 적당량을 급유한다.
2) 단정한 실습복을 착용고, 밀링커터에 작업복의 소매나 옷자락이 걸려 들어가지 않도록 주의한다.
3) 정면 커터 사용 중에는 보호 안경을 반드시 착용한다.
4) 칩의 제거는 솔을 이용한다.
5) 기계 가동 중에는 변속시키지 않는다.

8.4 관련 지식

8.4.1 밀링머신의 구조와 기능

(1) 밀링머신의 작업의 종류

밀링머신은 밀링커터을 이용해 다양한 공작물을 가공할 수 있다. 그림 8.5는 밀링머신의 다양한 가공방볍이다.

① 평면 절삭
② 홈 절삭
③ 각도 절삭
④ 단면 절삭
⑤ 기어 절삭
⑥ 나사 홈절삭

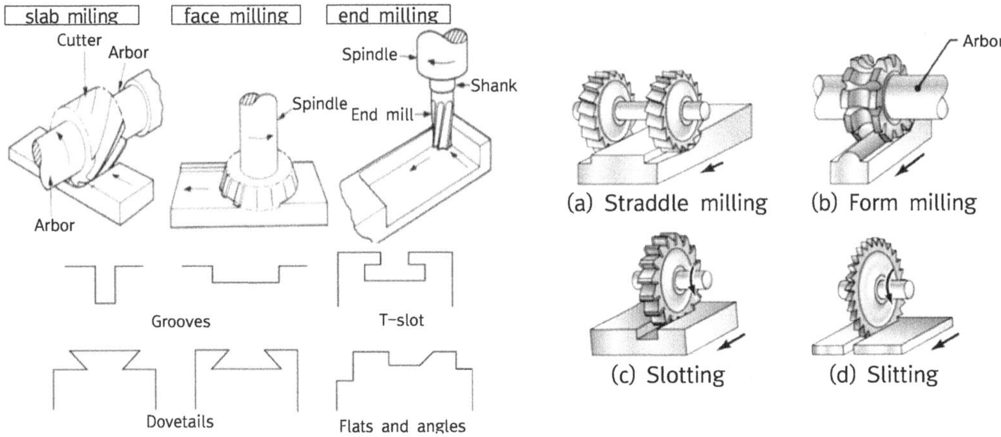

그림 8.5 다양한 밀링가공의 종류

(2) 밀링 커터의 종류와 용도

① 플레인 커터

원통 외주에만 절인을 가지고 있고 평면 가공에 사용되며 비틀림 각은 보통 10~30°이다.

② 절단 밀링 커터

폭이 좁은 홈이나 정단 등에 사용되며 150 mm 이하는 폭이 4 mm 이하로 되어있다.

③ 사이드 커터

측면 및 원주 방향에 절인이 있으며 홈 및 단면의 가공에 사용된다.

④ 각도 커터

각도를 가진 홈을 절삭할 때에 사용한다.

⑤ 엔드밀

엔드밀의 절인은 단면과 원주 방향에 있으며 홈, 단 절삭, 또는 절인은 직선 인선, 우측 비틀림 인선 등의 2매, 4매의 절인을 갖고 있다.(그림 8.5 참조) 볼엔드밀은 곡면 가공에 사용하다.

⑥ 총형 커터

커터의 인부의 외주를 소요 가공물의 외형에 맞추어 일정한 곡선형으로 만들고 이것으로 복잡한 형을 갖는 공작물을 절삭하는 커터이다.

⑦ 정면커터

정면 커터는 보통 100 mm 이상으로서 회전축에 수직인 면에도 절삭 날이 있으며 평면 절삭에 사용한다.

평면절삭에서는 플레인 커터보다 절삭 저항이 적으며 강력 절삭을 할 수 있으므로 가장 널리 사용된다.

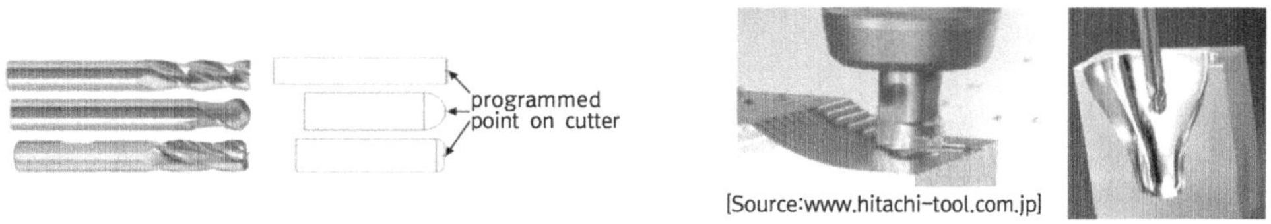

a) 엔드밀 커터　　b) 엔드밀 곡면 가공

그림 8.6 다양한 엔드밀 커터와 볼엔드 밀 가공 예

(3) 밀링 머신의 구조와 명칭

밀링머신의 구조는 크게 컬럼, 니이, 테이블, 주축대로 구성되어 있다.

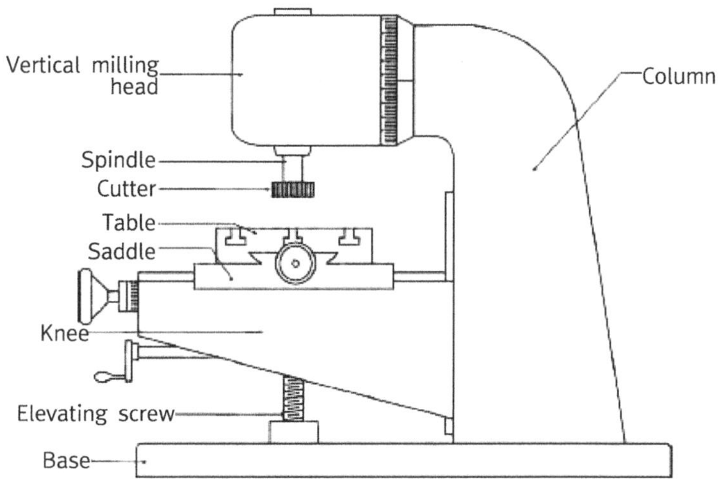

그림 8.7 수직 밀링머신의 구조

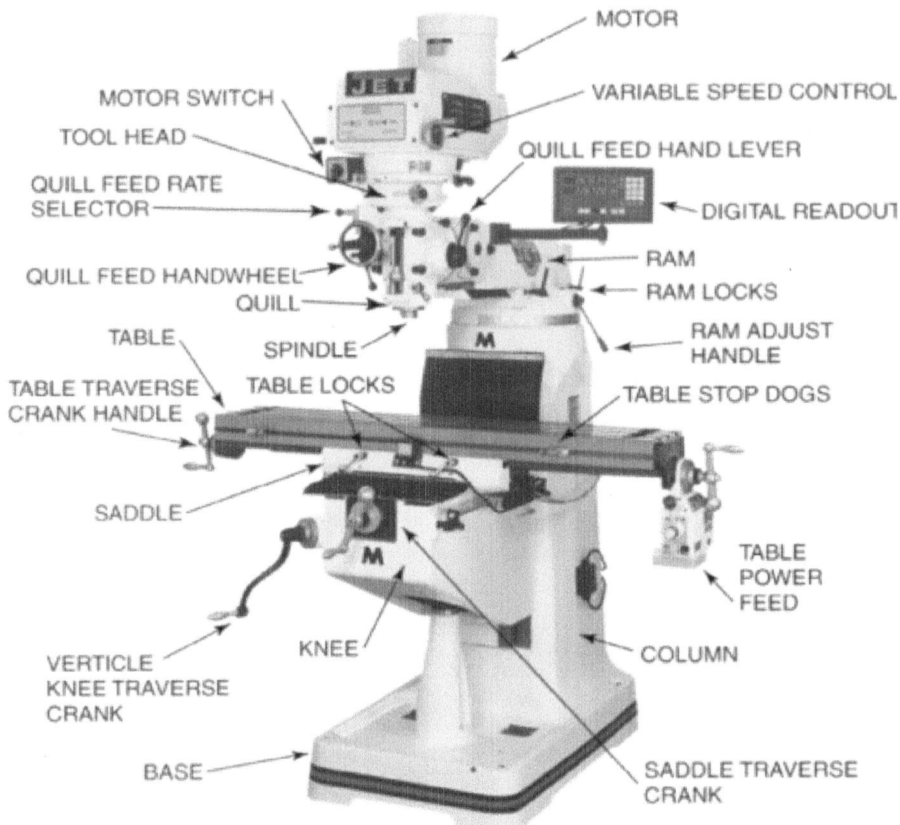

그림 8.8 밀링머신의 각부 명칭

(4) 밀링머신의 사용연습

① 밀링 머신의 외부명칭을 기억한다.

컬럼, 니이, 테이블, 주축대의 구분하고 각 부분의 세부 명칭을 익힌다.

② 급유한다.

컬럼, 새들, 니이 등의 유량을 유면계로 점검하고 유량이 부족할 때에는 지정된 기름을 주유하고 각부의 미끄럼면에도 급유한다.

③ 수동 이송 조작을 한다.

a. 테이블 수동 이송 핸들을 테이블 축에 밀어 붙여 클러치를 결합시키고 좌우로 조작한다.

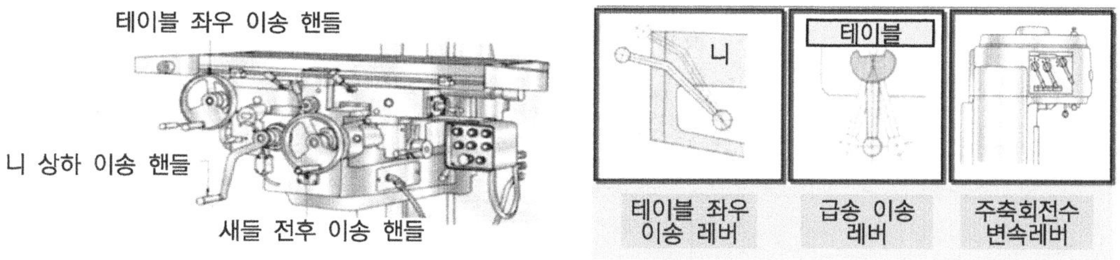

그림 8.9 밀링머신 각종 핸들의 기능

  b. 새들(saddle) 수동 이송 핸들을 조작한다.
  c. 니이(knee) 수동 이송 핸들을 조작한다.

④ 자동 이송 조작을 한다.
  a. 자동 이송 속도 변환 레버를 저속으로 조작한다.
  b. 테이블 자동 이송 조작 레버를 우측, 또는 좌측으로 조작한다.
  c. 새들 자동 이송 조작 레버를 전후로 조작하여 변환 조작 전후로 움직이게 한다.
  d. 니이 자동 이송 조작 레버를 전후로 조작하여 상하로 움직이게 한다.

⑤ 급송 이송 조작을 한다.
  a. 테이블 자동 이송 조작 레버를 우측, 또는 좌측으로 조작하여 자동 이송을 한다.
  b. 급송 이송 레버를 당기어 급송 이송 장치를 사용한다.
  c. 급송 이송 레버를 놓고 자동 이송 레버를 되돌린다.
  d. 동일한 요령으로 새들, 니이의 급송이송을 조작한다.
  e. 급송 이송을 제거할 때에 급속 이송 레버를 살며시 놓아야 한다.

⑥ 주축 회전수의 변환 조작을 한다.
  a. 주축속도 변환 행들을 앞으로 당기면서 최저 회전수에 맞춘다.
  b. 변속 레버의 작동이 원활하지 않을 때에는 주축을 손으로 돌리면서 변속한다.
  c. 같은 방법으로 변속표에 의한 속도를 선택하여 조작한다.

⑦ 바이스를 설치한다.
  a. 테이블과 바이스 밑면을 걸레로 깨끗이 닦고 돌기가 있을 때에는 제거한다.
  b. 테이블 홈과 바이스 고정 기어를 맞춘다.
  c. 바이스 고정 볼트를 끼워 약간만 조인다.

d. 다이얼 게이지를 헤드에 고정하고 측정자를 바이스 고정 조오에 대고 0.5정도 밀어 넣은후, 눈금을 0에 맞춘다.
e. 조오의 전체 길이를 접촉시켜 양단 끝의 지시 눈금 차이를 읽는다.
f. 지시 눈금 차이의 1/2 만큼 바이스 눈금 차이를 수정한다.
g. 조오의 양단 차이가 없어질 때까지 수정을 되풀이 하면서 바이스를 완전히 고정한다.

⑧ 정면커터를 고정 및 분리한다.
a. 당김 보울트를 분해하여 걸레로 깨끗이 닦고 나사부의 산에 이상이 없는가를 확인한다.
b. 주축 테이퍼 내면 및 정면 커터 어댑터의 테이퍼 부분을 걸레로 깨끗이 닦는다.
c. 오른손으로 헤드 상부의 당김 보울트를 돌려서 나사의 지름 정도를 어댑터에 돌려 넣고 쬠 너트로 조인다.
d. 당김 보울트의 나사부 나사산이 보통 3~4개정도 체결 되도록 한다.
e. 당김 보울트, 쬠 너트를 1~2산 정도 푼다.
f. 당김 보울트 머리 부분을 구리 해머로 가볍게 두들겨서 테이퍼 부분의 밀착을 떼어낸다.
g. 오른손으로 정면 커터를 잡고 왼손으로 당김 보울트를 돌려서 분리한다.

⑨ 콜렛 척을 고정 및 분리 한다.
a. 정면커터 고정 및 분리 방법과 동일한 방법으로 고정 및 분리 한다.
b. 콜렛 첫 내경을 걸레로 깨끗이 닦는다.
c. 콜렛의 외부를 깨끗이 닦고 손바닥으로 받쳐 콜렛척 내경에 살며시 넣는다.
d. 엔드밀 및 고정 공구를 깨끗이 닦아 삽입한다.
e. 손으로 먼저 조이고 척 핸들을 이용하여 단단히 조인다.
f. 위와 반대 방법으로 콜렛 척을 분리한다.

⑩ 테이블 및 새들 고정 위치를 정한다.
a. 실습이 끝나면 청소를 깨끗이 하고 테이블의 1.2지점이 새들의 중심에 위치하도록 한다.
b. 테이블과 새들의 무게로 인한 기계의 변형을 막기 위해 니이를 최대로 하단에 닿도록 내려 놓는다.
c. 새들을 컬럼에 가까이 놓는다.

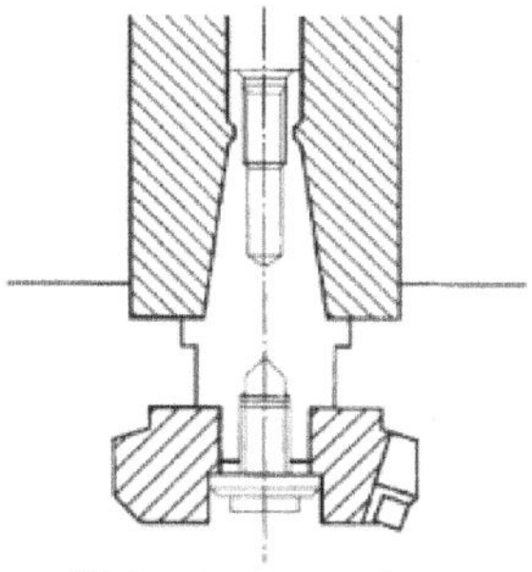

a) 주축의 공구설치 구조

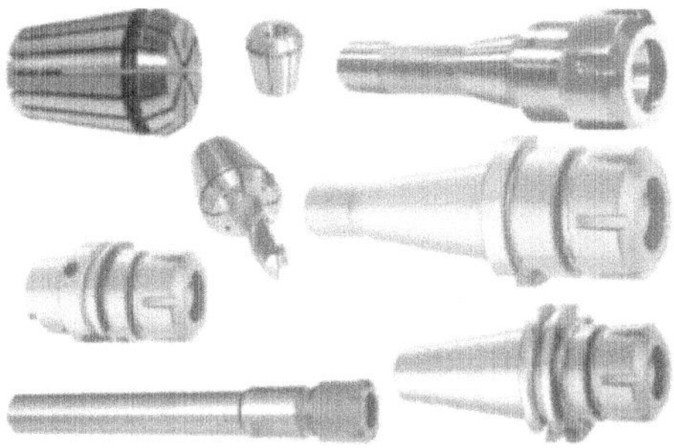

b) 어뎁터(adapter)와 콜렛척(collet chuck)

그림 8.10 주축의 공구의 설치

8.4.2 밀링용 바이스와 공작물 고정 오차

공작물의 정밀도는 공작물의 정확한 고정으로부터 시작된다.

그림 8.11은 가장 널리 사용하는 밀링용 머신바이스이다.

공작물 모양에 따라 바이스를 선정하고 공작물을 고정해야 한다. 그림 8.12는 공작물 불량고정에 따른 고정오차에 대한 설명도이다.

가장 널리 사용되는 machine vise

회전 및 각도 vise

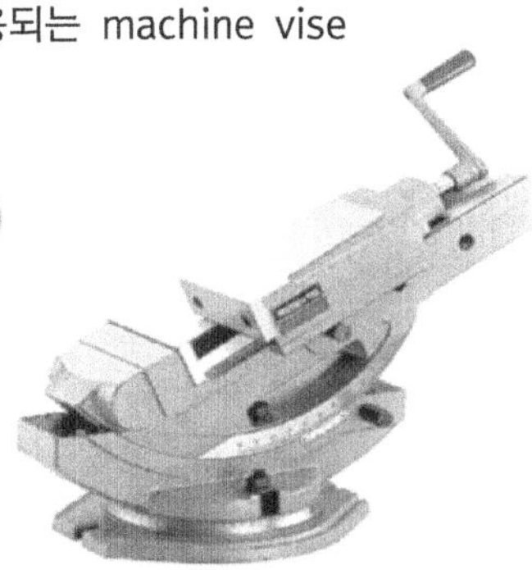

그림 8.11 밀링용 기계 바이스

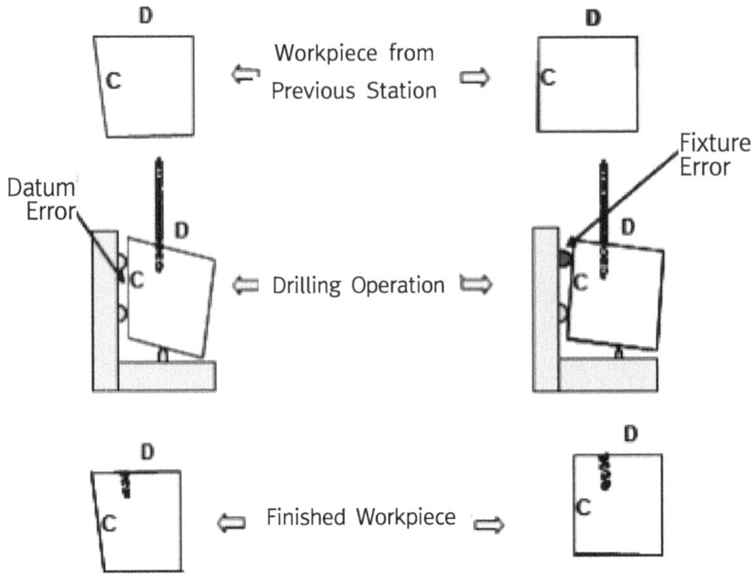

Illustration of Variation Propagation

그림 8.12 공작물 고정 불량에 따른 오차 발생

8.4.3 밀링커터의 공구각

밀링공구의 공구각은 선반용 공구와 다른 점이 있다. 공구의 축방향 경사각(Axial rake angle) 과 반경방향경사각(Radial rake angle)이 있다. 선반공구에서 정면경사각과 측면경사각에 해당한다. 공구의 강도 면에서는 두방향의 경사각이 모두 부(Nagative)인 경우가 가장 강도가 크다. 반대로 두 방향의 경사각이 정(Positive)인 경우에는 절삭저항이 작아지게 된다. 거친 절삭에는 부(Nagative)의 경사각이 좋으며, 마무리 가공에는 정(Positive)의 경사각을 사용하면 좋다.

밀링용 인서트는 단속절삭이므로 공구날에 충격력이 작용하게 된다. 공구날끝을 보호하기 위해 그림 8.13b)와 같이 챔퍼(chamfer) 또는 라운드(round)을 둔다.

평면도와 표면조도 향상을 위하여 와이퍼(wiper)을 둔 인서트도 많이 사용한다.

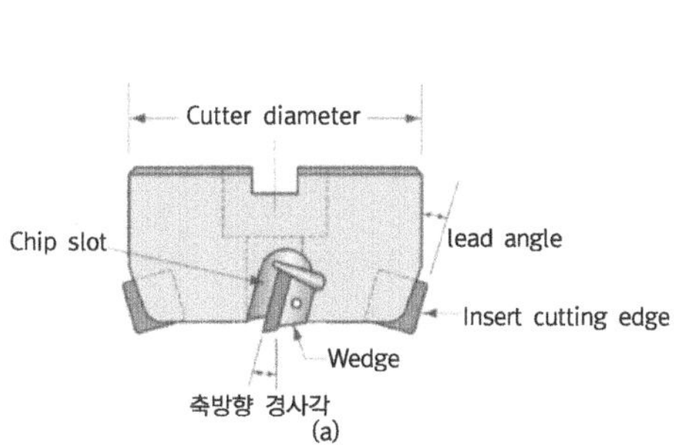

a) 정면 밀링 인서트의 공구각

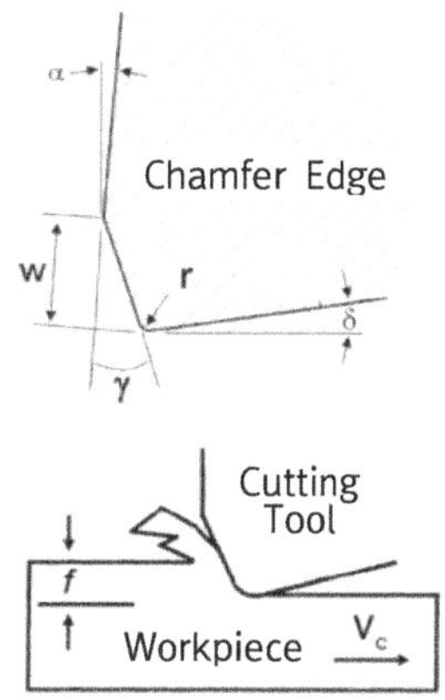

b) 밀링 인서트의 chamfer

그림 8.13 밀링 인서트의 공구각

8.4.4 상향절삭(Up miling)과 하향절삭(Down milimg)

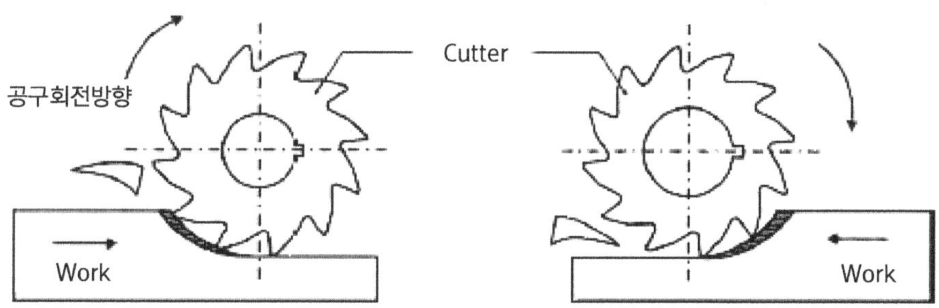

Upmilling Downmilling

(1) 상향밀링절삭(Up miling)

칩의 두께는 얇게 시작해서 점점 두꺼워 진다. 이러한 영향으로 절삭력에 의한 충격력이 작게 작용한다.

얇은 공작물은 상향으로 작용하는 절삭력으로 인해 들리기 쉽고 변형을 받기가 쉽다.

공구의 마모 측면에서는 가공경화된 표면을 커터가 접촉하게 되므로 공구의 마모가 심하다.

(2) 하향밀링절삭(Down milimg)

칩의 두꺼운 부분에서 절삭이 시작되므로 충격력이 작용할 수 있다. 그렇지만 커터는 가공경화된 부분을 절삭하지 않으므로 공구의 마모가 상향절삭에 비교해서 작다. 이러한 이유로 상향절삭보다는 하향절삭을 많이 사용한다. 인성(toughness)이 작아 충격력에 약한 공구는 하향절삭하기가 어렵다.

8.4.5 밀링머신 작동 변수

(1) 절삭 속도와 주축의 회전수

밀링 작업에서 절삭 속도는 커터의 원주 속도로 구한다. 그림 8.14는 밀링에서 이송, 절삭깊이, 절삭속도에 대한 설명도이다.

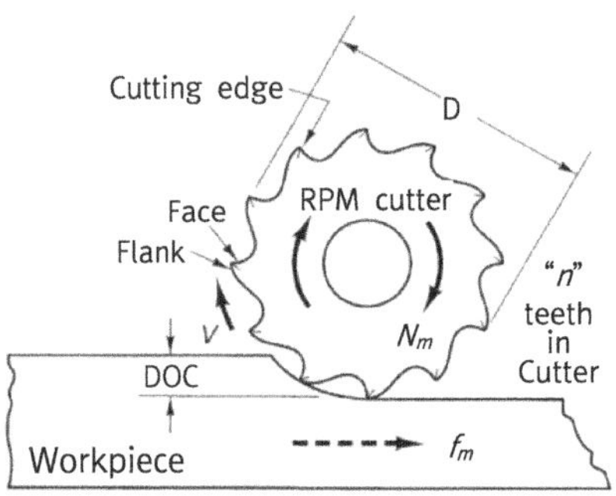

a) 밀링의 절삭속도와 절삭깊이(DOC)

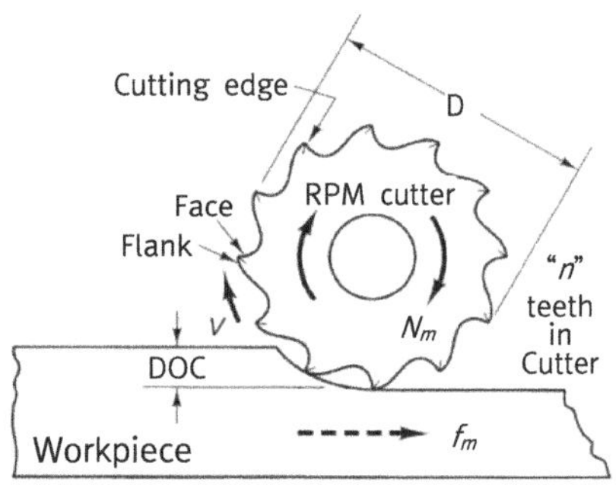

b) 절삭 날 1개의 이송

그림 8.15 밀링작업의 작동 변수

절삭속도는 다음식으로 구한다.

$$v = \frac{\pi d n}{1000} \tag{8-1}$$

여기서, v : 절삭 속도(m/min)

d : 밀링 커터의 지름(mm)

n : 커터의 회전수(rpm)

(2) 이송속도

밀링 머신에서 이송속도는 1분간에 테이블이 이동하는 거리로 표현한다. 이송 크기는 일반적으로 한 개 날의 이송으로 표시한다. 밀링커터 한 개의 날의 이송량 또는 공구의 1회전당 이송량으도 사용하다. 작업에 있어서는 분당 이송 속도로 표시되며 그 관계식은 다음과 같다.

$$f = f_z \times z \times n \ (\mathrm{mm}) \tag{8-2}$$

여기서, f : 테이블의 이송 속도(mm/min)

f_z : 밀링 커터의 날 1개마다의 이송(mm)

z : 밀링 커터의 날 수

n : 밀링 커터의 회전수(rpm)

표 8.1 밀링커터의 절삭속도(m/min)

공작물의 재질		고속도강	초경 합금(거친 절삭)	초경 합금(다듬질깎기)	공작물의 재질	고속도강	초경 합금(거친 절삭)	초경 합금(다듬질깎기)
주철	연질	32	50 ~ 60	120 ~ 150	청동	50	75 ~ 150	150 ~ 240
	경질	24	30 ~ 60	75 ~ 100	구리	50	150 ~ 240	240 ~ 300
가단 주철		24	30 ~ 75	50 ~ 100	알루미늄	150	95 ~ 300	300 ~ 1,200
강	연질	27	50 ~ 75	150	에보나이트	60	240	450
	경질	15	25	30				
황동	연질	60	240	180	페놀수지	50	150	210
	경질	50	150	300	섬유	40	140	200

표 8.2 밀링 커터 날 1개의 이송량(mm)

공작물의 재질		정면 밀링 커터		평면 밀링 커터		홈 및 측면 밀링 커터		엔드밀		총형 밀링 커터		금속 톱	
		HS	C	HS	C	HS	C	HS	C	HS	C	HS	C
플라스틱		0.32	0.38	0.25	0.30	0.20	0.23	0.18	0.18	0.10	0.13	0.08	0.10
알루미늄,마그네슘		0.55	0.50	0.40	0.40	0.32	0.30	0.28	0.25	0.18	0.15	0.13	0.13
황동 청동	쾌 삭	0.55	0.50	0.40	0.40	0.32	0.30	0.28	0.25	0.18	0.15	0.13	0.13
	보 통	0.35	0.30	0.25	0.25	0.20	0.18	0.18	0.15	0.10	0.10	0.08	0.08
	연 질	0.23	0.25	0.20	0.20	0.15	0.15	0.13	0.13	0.08	0.08	0.05	0.08
구 리		0.30	0.30	0.25	0.23	0.18	0.18	0.15	0.15	0.10	0.10	0.08	0.08
주철	HB150~180	0.40	0.50	0.32	0.40	0.23	0.30	0.20	0.25	0.13	0.15	0.10	0.13
	HB180~220	0.32	0.40	0.25	0.30	0.18	0.25	0.18	0.20	0.10	0.13	0.08	0.10
	HB220~300	0.28	0.30	0.20	0.25	0.15	0.18	0.15	0.15	0.08	0.10	0.08	0.08
가단 주철, 주강		0.30	0.35	0.25	0.28	0.18	0.20	0.15	0.18	0.10	0.13	0.08	0.10
탄소강	쾌삭강	0.30	0.40	0.25	0.32	0.18	0.23	0.15	0.20	0.10	0.13	0.08	0.10
	연강,보통강	0.25	0.35	0.20	0.28	0.15	0.20	0.13	0.18	0.08	0.10	0.08	0.10
합금강	풀림 HB180~220	0.20	0.35	0.18	0.28	0.13	0.20	0.10	0.18	0.08	0.10	0.05	0.10
	강인 HB180~220	0.15	0.30	0.13	0.25	0.10	0.18	0.08	0.15	0.05	0.10	0.05	0.08
	굳음 HB180~220	0.10	0.25	0.08	0.20	0.08	0.15	0.05	0.13	0.05	0.08	0.03	0.08
	스테인리스	0.15	0.25	0.13	0.20	0.10	0.15	0.08	0.13	0.05	0.08	0.05	0.08

참고 HS : 고속도강 공구, C : 초경 합금 공구

8.4.6 밀링작업에서 표면거칠기와 버어(Burr)

(1) 표면거칠기

밀링 공구로 가공된 표면에는 공구의 날과 공작물의 이송에 따른 거칠기가 발생한다. 이것은 날 1개의 형상에 따른 거칠기(tooth mark)와 여러 가지 오차와 변형에 의한 밀링 커터 1회전마다 나타나는 회전 거칠기(revolution mark)이다. 날 형상에 따른 거칠기는 이상적인 조건으로 절삭해도 기하학적으로 반드시 발생한다. 일반적으로, 날 1개의 이송이 0.125 mm일 때에는 육안으로 거의 식별할 수 없지만, 이것보다 이송이 빠르면 명확히 날 형상이 나타난다. 공구와 이송에 따른 이론적인 거칠기 높이는 평면 밀링 커터일 경우 대략 다음과 같은 식으로 구할 수 있다.

$$h = \frac{{f_z}^2}{4D} \tag{8-3}$$

여기서, h : 날 자리 높이(mm)

f_z : 날 1개마다의 이송(mm)

D : 밀링 커터의 지름(mm)

이론거칠기는 날 1개당 이송을 작게 하고, 커터의 지름이 클수록 작아진다.

또 가공 중 떨림(chattering)현상이 발생하면 가공면을 거칠게 할 뿐만 아니라, 밀링 공구의 수명을 단축시키며, 생산 능률을 떨어뜨린다. 떨림의 원인은 복잡하지만 기계의 강성, 밀링 커터의 정밀도, 공작물의 고정 방법, 절삭 조건, 그밖에 절삭가공 할 때 주축에 고정한 커터와 테이블 사이의 진동 등을 조정하면 떨림을 줄일 수 있다.

(2) 밀링가공 버어(burr)

밀링절삭에는 보통 날의 출구 쪽에 공작물의 소성유동에 의해 버어(burr)가 발생한다. 이러한 버어는 공작물의 치수오차을 유발하고, 바이스에 공작물을 고정할 때 정확한 평면을 유지할 수 없게 된다. 발생된 버어를 제거하고 측정을 해야 하며, 공작물을 밀링 바이스에 고정하는 경우에도 버어로 인해 오차가 발생할 수 있음에 주의해야 한다.

그림 8.16 은 밀링에서 발생하는 전형적인 버어의 형태이다.

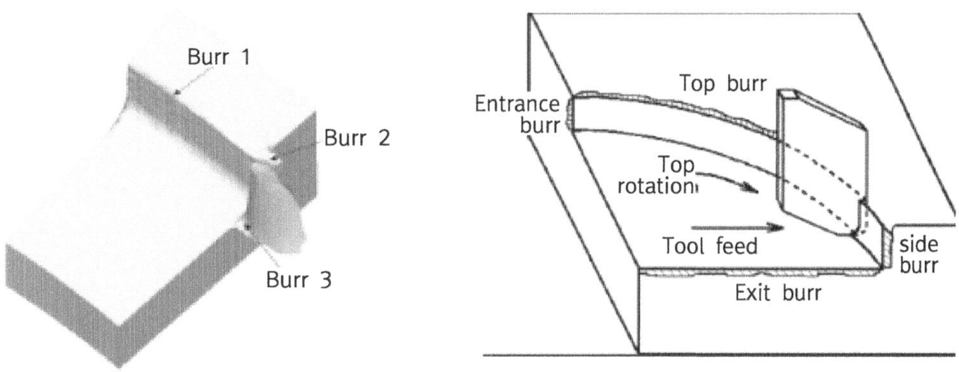

그림 8.16 밀링작업에서 발생하는 버어의 형태

연습문제[Lab Quiz]

이름 : ____________　　　　　실습일자 및 시간 : ____________
학번 : ____________　　　　　보고서 제출일 : ____________

1. 수직밀링 머신에서 홈 가공을 할 때 이용하는 공구는?
   ① 엔드 밀　② 기어 커터　③ 플레인 커터　④ 측면 커터

2. 밀링에서 널리 쓰이는 주축 구멍 테이퍼는?
   ① 내셔널　② 자아노　③ 브라운　④ 모오스

3. 다음 중 경질 재료를 밀링 작업을 하는 경우 틀린 사항은?
   ① 저속　② 저속 이송　③ 고속이송　④ 절삭깊이를 적게

4. 밀링작업에서 할 수 없는 작업은?
   ① 나사절삭　② 기어절삭　③ 바깥지름절삭　④ 키이 홈 절삭

5. 밀링머신의 크기를 표시하는 번호는 다음 무엇에 따라 표시하는가?
   ① 바이스의 크기　② 테이블의 크기
   ③ 물릴 수 있는 커터의 크기　④ 테이블의 이동 거리

6. 지름 75mm의 커터가 매분 60회전하여 절삭 할 때 절삭 속도는?
   ① 14[m/min]　② 20[m/min]　③ 26[m/min]　④ 32[m/min]

7. 콜렛(collet) 척의 구조와 용도를 간단히 설명 하시오.

8. 밀링 작업에서 상향 절삭과 하향절삭의 특징을 설명하시오.

9. 밀링 작업에서 발생하는 절삭버어(burr)의 문제점에 대해 설명해 보시오.

10. 아래 그림에 밀링머신의 각부 구조 명칭을 적으시오.

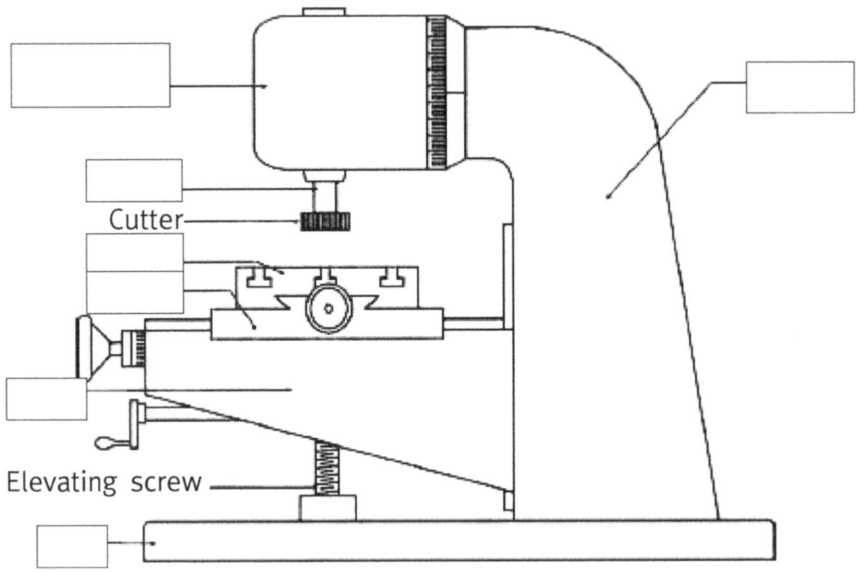

9장

판재의 굽힘가공

9.1 목적

다양한 소성가공의 종류가 있지만 금속재료의 소성특성을 부분적으로 이해하기 위해 판재의 자유 굽힘(band)가공 실습을 준비하였다. 판재는 연강판과 알루미늄 판을 이용해 굽힘가공에서 필요한 굽힘력(bending force), 스프링 백(spring back)현상을 경험할 수 있도록 하였다. 굽힘 가공된 연강판은 용접과제로 사용하게 된다.

9.2 굽힘가공 과제

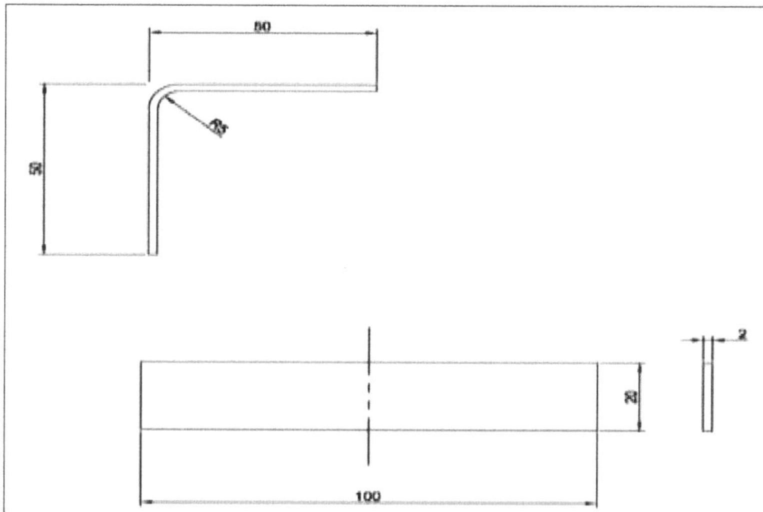

소요재료
1) 연강판(SC30) : 2개
110×20×2(두께)
2) 알미늄판 : 1개
110×20×2

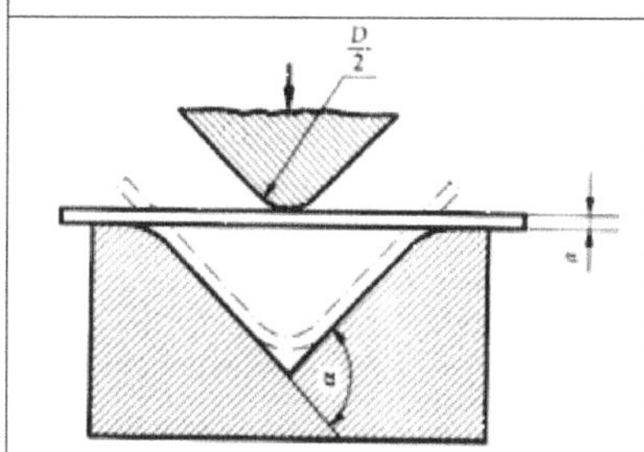

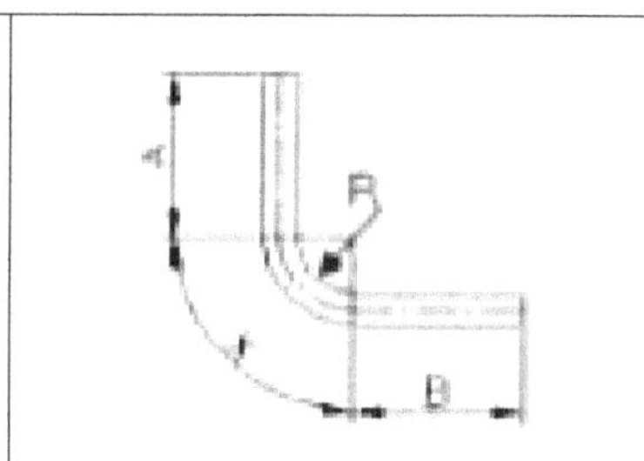

R = 5 mm
A = B = 50 mm
굽힘각 : 90도

그림 9.1 굽힘가공 과제 도면

9.3 실습내용 및 실습순서

1) 반경 [R = 5 mm]로 가공을 위한 준비를 한다.
   굽힘가공의 반경은 내측의 반경으로 표현한다.
2) 굽힘 가공판재을 치수와 일치하도록 가공한다.
   주의 : 판의 굽힘가공을 하면 판재의 길이는 변하게 된다. 아래 관련지식을 활용해 판재의 길이를 정확하게 계산한 후에 가공한다.
3) 굽힘가공장치를 이용해 굽힘 가공한다.
4) 굽힘가공 판재는 용접작업에 사용하도록 한다.

9.4 관련지식

9.4.1 스프링 백(Spring back)

전통적인 생산방식에서 소성가공은 절삭가공과 함께 대단히 중요한 부분을 차지한다. 소성가공법을 이용해 많은 기계부품과 제품을 생산한다. 소성가공은 절삭가공에 비교해 가공시간이 빠르고 재료의 낭비가 작다. 대량생산할 때는 소성가공이 절삭가공에 비교해 생산비용을 크게 절감할 수 있는 경우가 많다. 다양한 종류의 소성가공법이 있다. "소성가공" 또는 "기계공작법"등에서 자세히 학습하게 된다.

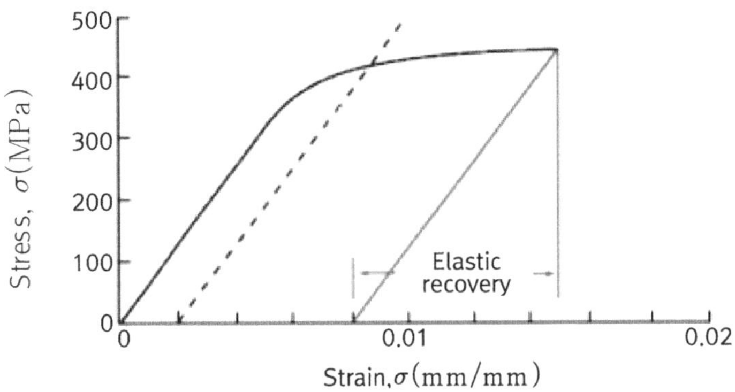

a) 재료의 탄성회복(Elastic recovery)

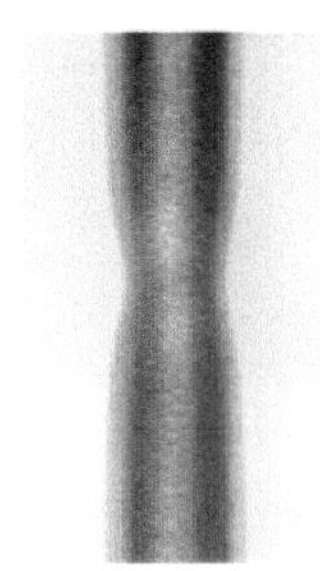

b) 인장시편의 단면 수축현상(necking)

그림 9.2 재료의 탄성회복

소성가공은 재료의 소성(plasticity)성질을 이용한 가공법이다. 금속재료는 항복점을 지나게 되면 소성변형이 이루어진다. 인장시험에서 금속재료를 탄성한계를 지나 계속 하중을 가하면 재료는 그림9.2(b)와 같이 단면수축현상(necking)이 일어나게 된다. 탄성한계를 지나 파괴가 일어나기 전에 하중을 제거하게 되면 일반적으로 탄성한도 곡선에 평행하게 탄성회복이 일어나게 된다.(그림 9.2(a)참조)

판재를 굽힘가공하는 경우 그림 9.3과 같이 탄성회복 되어 처음 가공하였던 굽힘각이 유지되지 않는다. 이러한 현상을 **스프링백 현상**(spring back)이라고 부른다. 스프링 백 현상은 재료의 탄성계수와 깊은 관련이 있다. 일반적으로 탄성계수의 값이 적을수록 스프링 백 현상이 크다. 그림 9.3은 다양한 기계재료의 스프링 백 지수(Springback factor)이다. 소성가공하는 경우에 이러한 스프링 백 현상을 보상할 수 있는 가공법을 사용해야 한다. 학생들이 공부하게 되는 소성가공법 관련 학과목에서 충분히 학습할 기회가 있을 것으로 판단한다.

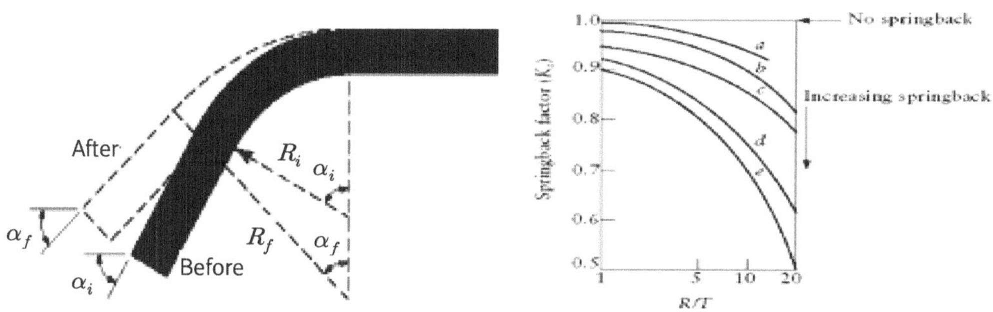

그림 9.3 굽힘가공에서 스프링백(spring back)현상과 재질에 따른 스프링백 지수 (Springback factor K)의 비교. (a) 2024-0 and 7075-0 aluminum; (b) austenitic stainless steels; (c) 2024-T aluminum; (d) 1/4- hard austenitic stainless steels; (e) 1/2-hard to full-hard austenitic stainless steels. Source: After G. Sachs

9.4.2 굽힘가공에서 판재의 길이

판재를 굽힘 가공하는 경우 판재의 굽힘반경과 판재의 두께 비는 판재의 단면 수축율에 큰 영향을 준다. 이 비의 값이 작을수록 단면수축율이 크게 된다. 예를 들면 두께 1 mm 판재를 굽힘 반경 5 mm 로 가공하는 경우보다, 반경 10 mm로 가공하는 경우에 단면수축율이 작게 된다. 굽힘 가공에서 단면수축율이 증가하면 굽힘 가공 판재의 길이도 큰 영향을 받는다.

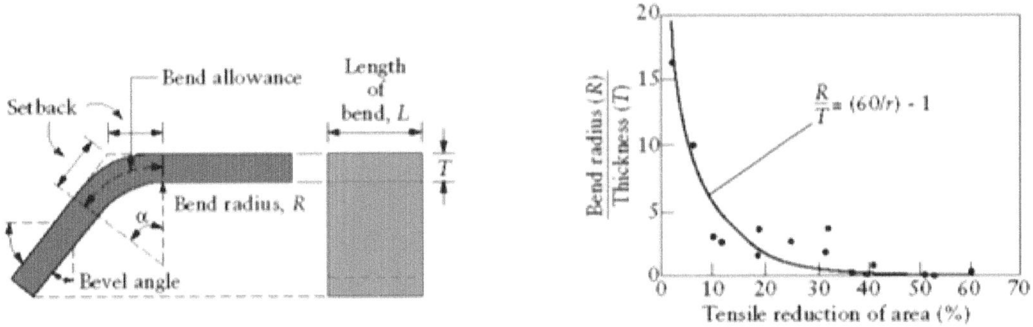

그림 9.4 (a) 굽힘가공 부의 표준 명칭. (b)판재 두께와 굽힘반경에 대한 단면 수축율 Source: After J. Datsko and C. T. Yang.

그러므로 공작물 판재의 길이는 단면 수축율에 따라 적절히 보상하지 않으면 불량제품이 생산된다. 이러한 특징은 그림 9.4에 나타 내었다.

굽힘가공에서 굽힘반경(bend radius)은 내측반경으로 측정한다. 그림에서 굽힘길이는 공작물판재의 넓이를 나타내었다. 굽힘각도(bend angle)와 굽힘반경은 서로 성질이 다른 값이다. 각종공작물에서 공작물판재 두께와 굽힘반경에 대한 인장 단면적의 감소(tensile reduction of area)율에 대한 실험값을 그림에 나타내었다. 얇은 판의 경우에는 단면수축율이 약 50%에 도달하여도 균열없이 평평하게 굽힘 가공할 수 있음을 보여주고 있다.

굽힘 소성가공에서 스프링백 현상을 피하거나 감소하기 위해 다양한 굽힘 방식이 사용된다.

그림 9.5에 다양한 굽힘 가공방식을 나타냈다.

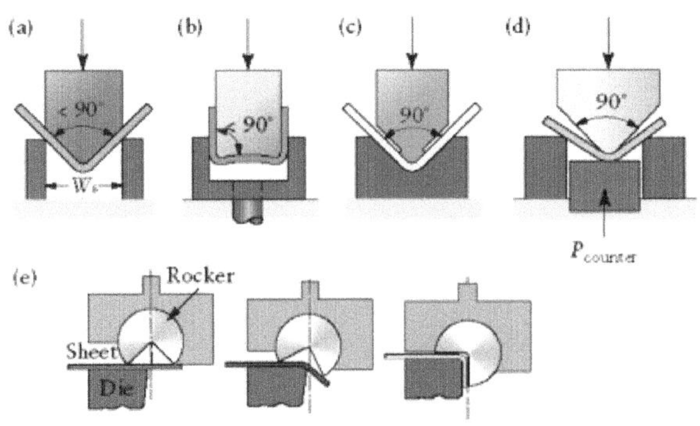

그림 9.5 스프링백(spring back)을 줄이기 위한 다양한 소성가공법

Source: V. Cupka, T. Nakagawa, and H. Tyamoto

표 9.1은 굽힘가공의 단면수축율에 따른 보상길이 구하는 실용적인 데이터를 나타내었다. 이 데이터의 값은 그림 9.4의 실험값을 고려해 서 구한 값이다.

표 9.1 판재의 굽힘가공에서 길이 보상계수 　　　　출처 : 일본 OKADA공업의 설계자료에서 발췌

구분		내측 "R값"										
		0.2	**0.3**	**0.5**	**1.0**	**1.5**	**2.0**	**2.5**	**3.0**	**4.0**	**5.0**	**6.0**
재료 두께	**0.5**	0.58	0.74	1.06	1.86	2.66	3.47	4.29	5.09	6.67	8.42	9.81
	0.7	0.68	0.85	1.17	1.96	2.76	3.56	4.36	5.16	6.77	8.39	9.97
	0.8	0.74	0.90	1.22	2.02	2.82	3.62	4.42	5.22	6.84	8.47	10.05
	1.0	0.84	1.00	1.33	2.12	2.92	3.71	4.51	5.32	6.95	8.60	10.20
	1.2	0.95	1.12	1.44	2.23	3.02	3.82	4.62	5.44	7.04	8.69	10.30
	1.4	1.05	1.22	1.55	2.34	3.13	3.94	4.75	5.57	7.16	8.73	10.35
	1.6	1.16	1.33	1.65	2.45	3.24	4.03	4.83	5.65	7.37	8.87	10.50
	2.0	1.36	1.53	1.86	2.67	3.45	4.32	5.02	5.81	7.42	9.04	10.67
	2.3	1.51	1.68	2.01	2.83	3.62	4.40	5.19	5.97	7.52	9.16	10.86
	2.5	1.61	1.78	2.11	2.92	3.72	4.51	5.29	6.08	7.65	9.29	10.98
	2.6	1.65	1.83	2.16	2.98	3.78	4.57	5.35	6.14	7.71	9.34	11.04
	3.0	1.85	2.03	2.38	3.02	4.00	4.79	5.57	6.36	7.93	9.50	11.15
	3.2	1.96	2.14	2.49	3.31	4.11	4.89	5.68	6.46	8.03	9.60	11.19
	3.5	2.13	2.31	2.65	3.48	4.28	5.06	5.85	6.63	8.20	9.77	11.34
	4.0	2.38	2.56	2.90	3.74	4.55	5.34	6.12	6.90	8.48	10.05	11.62
	4.5	2.63	2.81	3.16	4.00	4.82	5.61	6.40	7.18	8.75	10.32	11.89

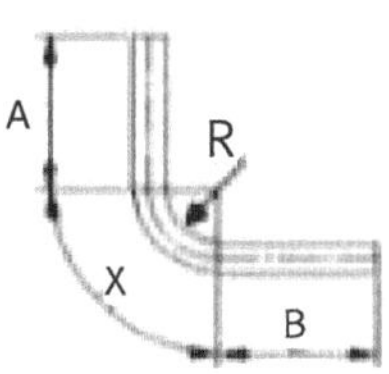

90도 인 때

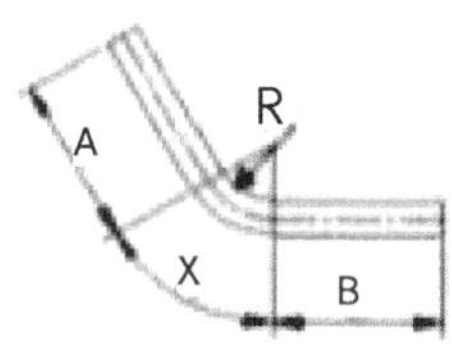

90도가 넘거나 안되는 때

★ 90°때의 전개길이 $LL = A + B + X$
"X"의 값은 위의 표에서 세로축의 재료두께와 가로축의 내측 "R"을 맞춘 값을 선택한다.
벤딩가공 부위가 많은 경우 그 수량만큼 "X"값을 더해야 한다.

☆ 90°가 아닌 경우 전개길이 $LL = A + B + X \times \theta/90$
벤딩부가 90도가 넘거나 안되는 경우는 위의 표에서 선택한 값에 그 각도값을 90도로 나눈 값을 사용한다.

표 9.1의 사용법은 다음 예제와 같다.

✔ **[예제 1] 판재의 두께1 mm, 굽힘 반경 5 mm, 굽힘 여유부 A, B 의 길이가 각각 10 mm 인경우에 가공소재의 전체길이 LL을 구하여라.**

➡ [풀이]

- 중앙선의 길이로 구한다. 표을 참고한다. 표에서 두께 1 mm, 굽힘 반경 5 mm인 경우 반경부의 중심길이가 8.6 mm 임을 의미 한다.
- 전체길이 LL = A + B + X = 10 + 10 + 8.6 = 28.6 mm 가 된다.

✔ **[예제 2] 판재의 두께1 mm, 굽힘 반경 10 mm, 굽힘 여유부 A, B 의 길이가 각각 10 mm 인경우에 가공소재의 전체길이 LL을 구하여라.**

➡ [풀이]

① 중앙선의 길이로 구한다. 표에서 재료 두께 1.0 mm의 경우 R5이면 8.60 mm이다. 이 경우 중앙선이 만드는 원의 길이는 4×8.60=34.4 mm가 된다. (이것을 직경으로 하면 Φ10.95 mm이다. 중심선 반경으로 나타내면 (10.95-10)/2=0.475 mm이다. 중심선이 굽힘 수축으로 인해 내측으로 치우쳐져 있음을 알수 있다.

② 따라서 R=10인 경우 중앙선이 만드는 원의 직경은 Φ20.95가 되고, 원주는 Φ20.95×π=65.816 mm가 된다.

③ 굽힘가공에서 판재는 90도 을 굽힌다. 결국 전체원의 길이에 1/4에 해당된다.

④ 판재의길이는 65.816/4=16.454 mm가 된다.

연습문제[Lab Quiz]

이름 : ____________________ 실습일자 및 시간 : ____________________

학번 : ____________________ 보고서 제출일 : ____________________

1. 다양한 소성가공법의 종류에 대해 간단히 보고하시오.

2. 판재의 굽힘가공에서 판재의 전체길이가 재료의 길이보다 짧아지는 이유를 설명하시오.

3. 연강판과 알미늄판의 굽힘가공에 필요한 굽힘력(bending force)에 차이가 있다. 이 점을 논리적으로 설명하시오.

4. 소성가공에서 스프링백(spring back) 현상에 대해 설명하시오.

10장

아크용접

10.1 목적

두개 이상의 금속부품을 접합하는 방법에는 여러 가지가 있다. 두 개의 금속부품을 분리 할 필요가 없거나, 기밀 유지가 필요한 경우에는 용접방법을 많이 사용한다. 선박의 건조에 용접접합방법을 많이 사용한다. 전기아크용접 실습을 통하여 용접에 대한 관련지식과 경험 습득을 목적으로 한다.

아크용접 실습에서 아래보기 넓은 비드 놓기 작업을 수행한다. 올바른 자세로 운봉각도를 정확히 유지하면서 균일하고 폭이 일정한 비드를 만드는 실습을 통하여 용접결함과 관련된 내용을 이해하도록 한다.

필요한 경우에는 용접부품의 강도 및 용접이음효율을 실험할 수 있다. 이 장의 뒤편에 용접부의 자유굽힘시험을 소개 하였다.

10.2 용접과제

10.2.1 용접과제

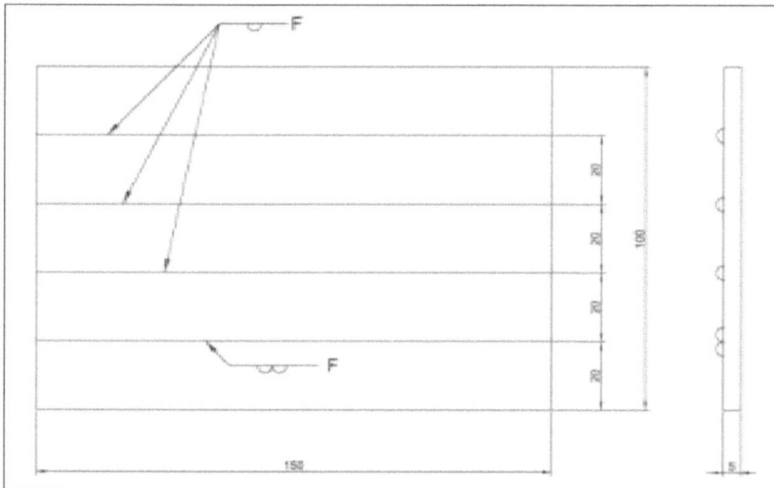	**1) 소요 재료** ① 연강판 t6X100X150, 1개 t2X150X20, 1개 ② 용접봉 E4301 ∅3.2, ∅4.0 각10개 ③ 굽힘가공 실습에서 굽힘 가공한 연강판 2개
1) 아래보기 비드 연습	**2) 소요시간 : 6시간**

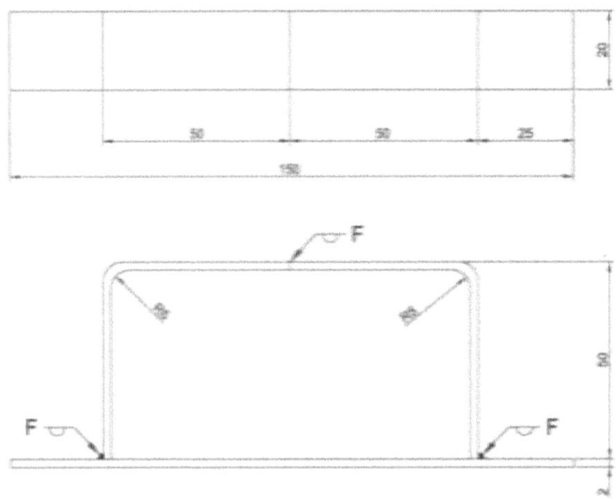

2) 코너부 용접 실습(굽힘 가공 시편을 사용한다.)

그림 10.1 용접용 실습 과제

10.2.2 사용기자재

기계				공구			
품명	규격	수량	비고	품명	규격	수량	비고
전기용접기	200A	1대		자	300 mm	1	
				직각자	150 X 150	1	
				스크라이버		1	
				평줄	300 mm	1	
				헬멧	유리 #10~11	1	
				프라이어	200 mm	1	
				슬랙해머		1	
				정		1	
				와이어 브러시		1	
				용접장갑		1	
				용적앞치마		1	
				석필		1	

10.3 실습내용 및 작업순서

10.3.1 실습내용

(1) 아래보기 넓은 비드 놓기 작업

① 공구 및 재료를 준비한다.

② 비드 간격에 대한 금긋기 작업을 한다.

③ 용접전류를 조정한 후, 아크를 발생시킨다. (관련지식 "운봉법" 내용 참조)
아크 발생 방법은 점 찍기 방법과 긁기 방법이 있다. 아크 시작점보다 10~20 mm 앞에서 아크를 발생시켜 아크 길이를 4~5 mm로 길게 하여 예열하면서 시작점으로 온다.

④ 용접봉의 각도를 유지한다. 작업각 90도, 진행각 70~80도를 유지하여 좌측에서 우측으로 일직선이 되게 진행하며 아크 길이는 2~3 mm 유지한다.

⑤ 운봉 폭은 심선 지름 2~3배가 적당하며, 쌓고자 하는 비드 폭보다 다소 좁게 운봉하고 운봉간격은 5~6 mm 되게 하며 속도는 위빙 중앙은 빠르게, 양끝은 느리게 하여 끝에서는 봉을 잠시 멈춘다.

⑥ 비드폭이 일정하게 되도록 용접봉은 좌우와 진행방향의 앞뒤로 운동하여 용융영역의 크기가 일정하게 되도록 조정한다.

⑦ 비드가 끝나는 점보다 2~3 mm 앞에서 아크를 발생하여 이음부로 와서 예열한 다음 용착금속이 이전에 생성한 비드와 같아지면 정상속도로 진행한다. 용접부의 효율은 이음부의 적정성 여부가 중요하다.

⑧ 크레이터 처리는 다시 되풀이 하여 충분히 쌓아 올려야 한다.

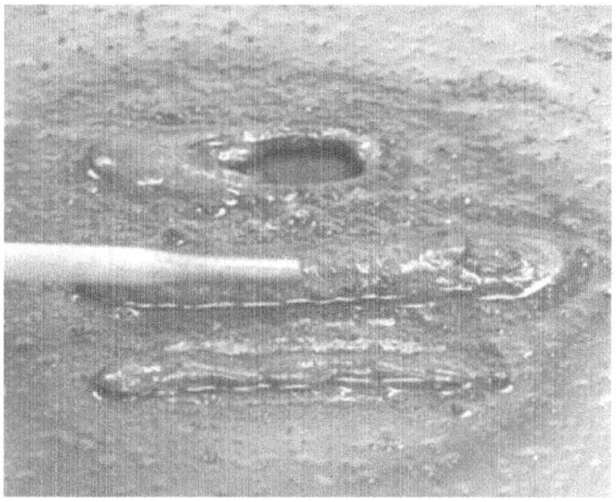

그림 10.2 초심자의 용접작업 결과

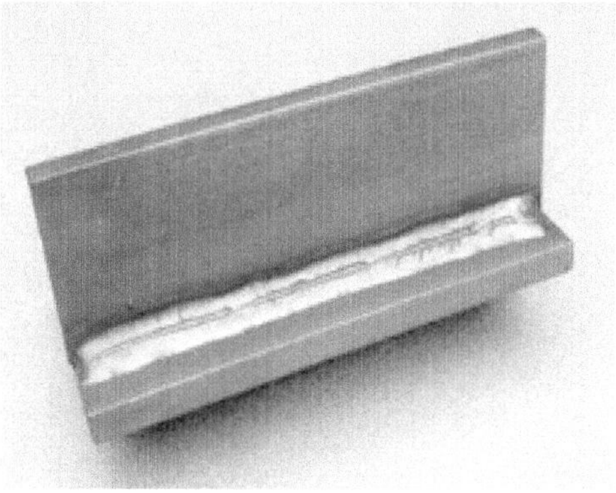

그림 10.3 전문가의 "T" 형 용접작업 예

10.3.2 안전 및 유의 사항

1) 정격 사용률 이상으로 사용하면 과열이 되어 소손(燒損)이 생긴다.
2) 탭 전환은 반드시 아크발생을 중지시킨 후에 시행한다.
3) 2차측 단자의 한쪽과 용접기 케이스는 반드시 접지를 확실히 해 둔다.
4) 보안상으로 접점 개폐기의 접촉을 조사해야 하며 가동부분, 냉각 팬(fan)을 점검하고 주유(注油)를 해야 한다.
5) 1차측의 탭은 1차측의 전류, 전압의 변동을 조절하는 것이므로, 2차측의 무부하 전압을 높이거나 용접전류를 높이는데 사용해서는 안 된다.

10.4 관련 지식

10.4.1 용접기의 종류

용접기의 분류는 주로 전원에 의해서 나누면 직류 아크용접기(DC arc welder), 교류 아크용접기(AC arc welder)로 나눌 수 있다. 초기에는 직류용접기를 사용 하였으나, 요즘은 피복 용접봉의 발달로 교류용접기가 많이 쓰이고 있다. 그림 10.4는 전기 아크 용접기이며 그림 10.5는 용접아크의 기본 형상이다.

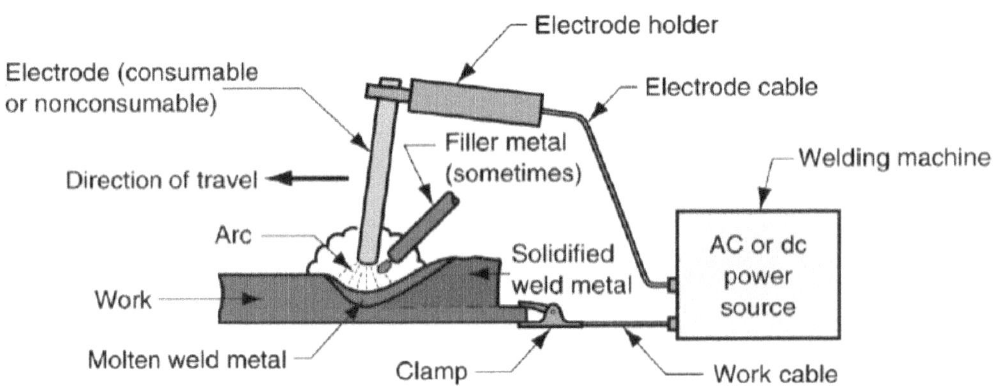

그림 10.4 전기 아크 용접기

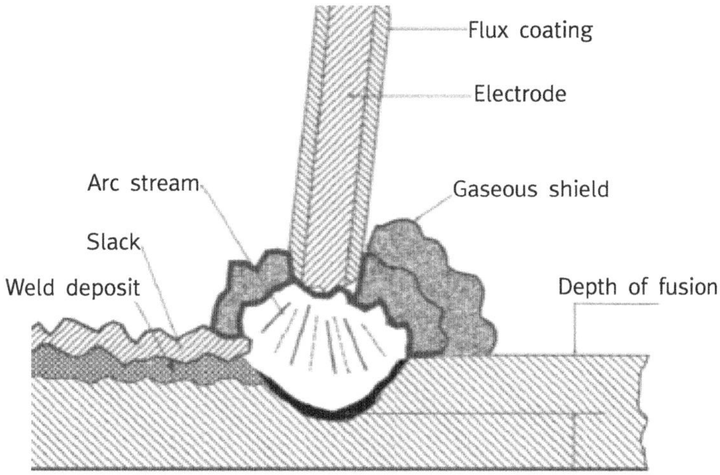

그림 10.5 용접 아크의 기본 형상

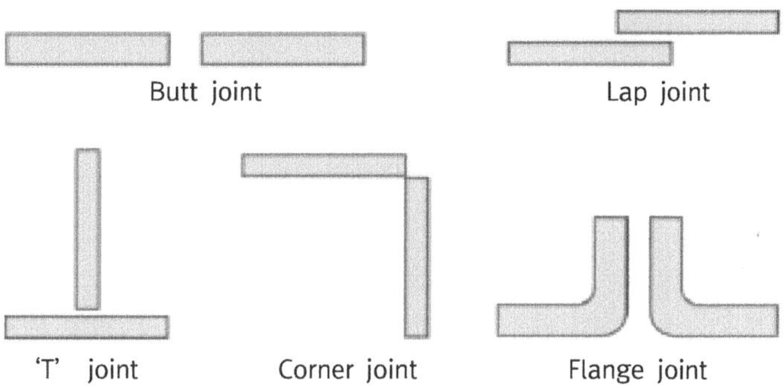

그림 10.6 용접부의 결합 형태

(1) 직류 아크용접기

직류아크용접기는 직류발전기에 연결시켜 사용하는 발전형과 3상 교류를 정류기를 사용해서 정류하는 정류기형이 있고 최근에는 적은 용량의 것은 축전지식도 사용된다.

직류용접기의 특징 : 직류용접은 전류가 일정방향으로 흐르기 때문에 아크가 대단히 안정되어 비피복봉으로 용접할 수 있다. 따라서 경험이 없는 사람에게 좋은 편이나 아크가 너무 안정되기 때문에 아크의 길이가 길어지면, 용입이 불량해지는 일이 많다. 또 직류아크는 양극측이 음극측보다 발열량이 크기 때문에 극성을 구별 할 줄 알아야 한

다. 일반적으로 정극성은 두꺼운 판재의 용접에 쓰이며, 박판의 용접이나 주물 및 비철금속 등의 용해가 쉬운 금속용접에는 역극성을 쓴다. 또 직류에는 자기쏠림으로 V홈 용접의 경우, 한쪽만 녹아 용입불량이나 슬랙의 섞임 등 결함이 생기므로 주의해야 한다. 자기쏠림을 막는 데는 모재의 케이블 접지점을 바꾸는 일, 가접을 크게 하는 일, 후퇴법 등이 있다.

(2) 교류아크 용접기

교류용접기는 용접전류의 조정방법에 의해서 탭 전환형, 가동철심형, 가동코일형 등이 있다.

보통 정류기형 직류용접기는 정류기를 사용하여 교류전원을 직류로 바꾸며, 교류용접기는 교류전원을 일종의 변압기를 사용하여 용접전류를 조절하고, 이때 사용되는 용접전류인 교류와 직류는 각각의 특성을 가지고 있다.

표 10.1 직류용접기와 교류용접기의 비교

비교사항	직류용접기	교류용접기
아크의 안정	우수	약간 떨어짐
비피복봉 사용	가능	불가능
극성변화	가능	불가능
자기쏠림 방지	불가능	가능
무부하 전압	약간 낮음	높다
구조	복잡	간단
유지	약간 어려움	용이
고장	회전기에 많다	적다
역률	매우양호	불량
소음	회전기에 현저하며 정류기형은 조용함	조용함
가격	고가	저렴

10.4.2 전기 아크용접의 운봉법

(1) 아크의 발생

아크를 발생시킬 때는 핸드 시일드(방호안경)로 얼굴을 가리기 전에 용접봉의 끝을 모재에 가까이해서 아크 일으킬 위치를 정하고 핸드 시일드로 얼굴을 가리고, 용접봉을 모재에 접촉시키며 순간적으로 3~4 mm 끌어 올리면 아크가 발생된다.

처음 이 동작을 해 보면 아크가 발생되는 것이 두려워 잘 안되며 무의식 중에 아크를 보는 일이 많아 눈에 무리가 가므로 주의해야 한다. 아크를 발생시키는 방법으로는 용접봉의 끝을 공작물 표면에 순간적으로 가볍게 대었다가 재빨리 끌어 올리면 아크가 발생되는데 용접봉을 공작물에 긁는 방법과 찍는 방법이 있다.

(2) 운봉법의 기본연습

기본적 운봉법에는 용접봉을 좌우로 움직이지 않고 직선적으로 용접을 하는 직선 비이드법과 용접봉 끝을 좌우로 반달형으로 움직이면서 전진 용접을 하는 위이빙 비이드(weaving bead)법의 두 가지가 있다.(그림 10.8 참조) 전자는 박판용접, V형, T형 필릿용접의 1층 용접에 쓰이며, 후자는 다층의 경우 등 폭넓은 용접을 하는 경우에 쓰인다. 위이빙 운봉의 폭은 용접봉 심선직경의 2~3배 정도가 적당하다.

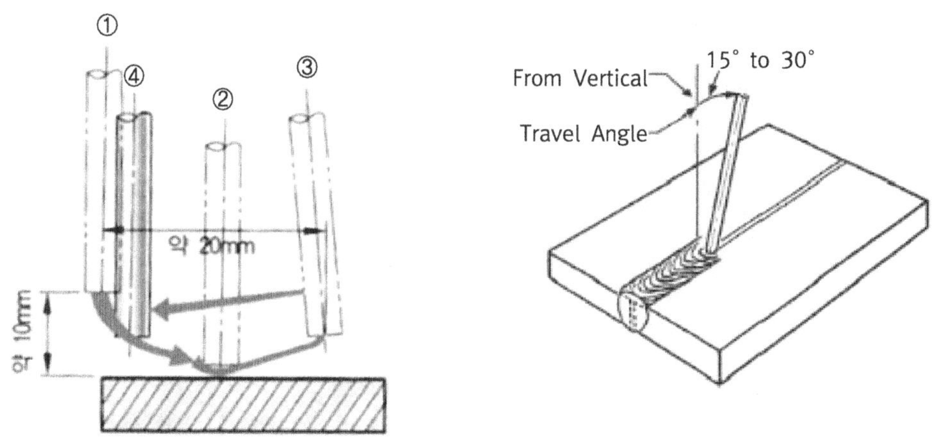

a) 아크의 발생 방법　　b) 용접작업에서 용접봉의 올바른 각도

그림 10.7 아크의 발생과 용접작업에서 용접봉의 올바른 각도

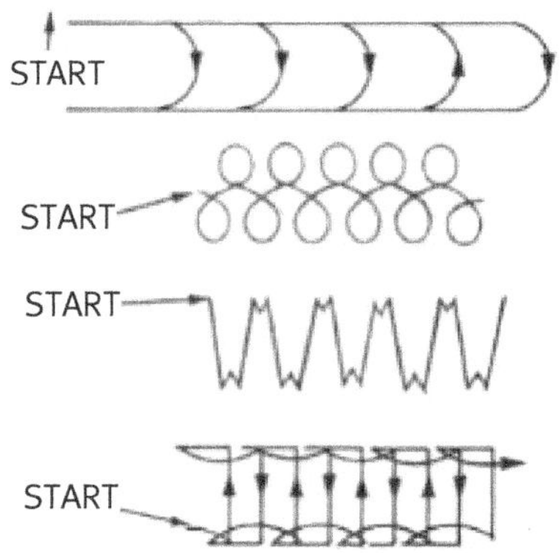

그림 10.8 용접봉의 운봉법

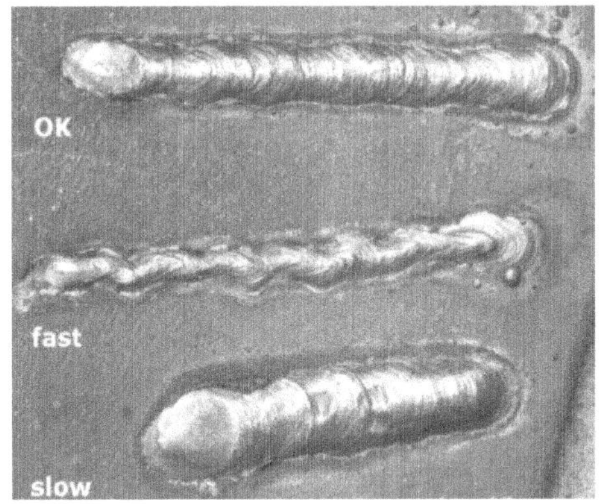

그림 10.9 운봉속도에 따른 용접부의 형태

그림 10.9 는 운봉속도가 빠르거나 늦는 경우 발생한 용접부의 형태이다.

10.4.3 전기 아크 용접의 결함

(1) 용접전류와 결함

용접에 알맞은 전류의 선정은 모재 및 용접봉의 종류, 크기, 형상 등에 의해서 달라지는 것이다. 대체로 용접봉의 단면적 1 mm^2에 대해서 10~11암페어(A) 정도의 전류를 택하는 것이 좋다.

예를 들어 4 mm의 용접봉을 사용할 때는 대체로 120 A 전후가 표준이 되는 것이다. 만일 전류가 알맞지 않으면 아크가 불안정하게 되든가 용입의 과부족(underfill), 언더컷(under cut), 오버랩(overlap) 등을 생기게 하여 용접결과에 나쁜 영향을 미치게 된다. 그림 10.8은 용접불량의 설명도이다.

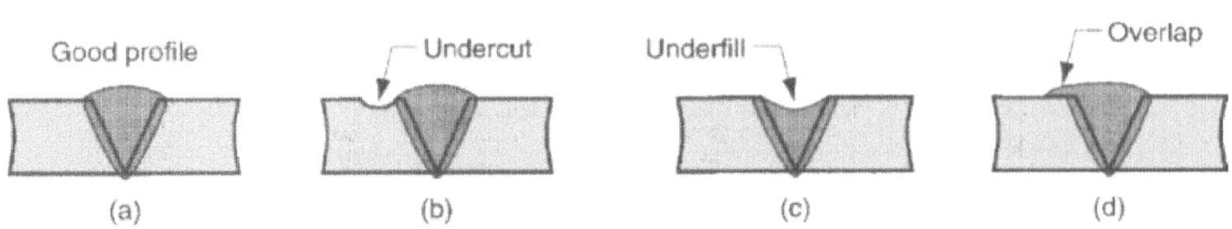

그림 10.10 용접부의 불량 형태

(2) 스패터(spatter)

용접작업에서 용융금속의 녹은 금속입자나 슬랙이 비산(飛散)되어 나온다. 이것을 스패터(spatter)라 하며, 이 현상은 용융금속내의 가스기포가 방출될 때 아크의 힘으로 용적이 비산될 때 일어난다. 이런 형상이 일어나면 용접된 근처가 스패터가 붙어 더러워진다. 스패터가 생기는 원인으로는 과대전류, 피복제 중의 수분, 길이가 긴 아크, 운봉각도의 부적당, 모재의 온도가 낮을 때 생긴다.

(3) 용입

용입은 모재가 녹아서 융합된 깊이를 말하는 것으로 용접의 양부(良否)나 강도에 큰 영향을 준다. 따라서 용입의 양부는 용접의 양부를 판단하는 중요한 역할을 하는 것으로서 극성, 용접봉의 적부, 용접 속도, 용접 전류, 아크의 길이 등에 의해서 좌우되는 것이다. 용접이 끝났을 때 푸울(pool)부분이 움푹 파여진 곳이 생기는데 이것을 크레이터(crater)라 하며 용접비드 끝에서 용착금속이 응고 수축할 때 생긴다. 그 부분을 메우든지 또한 일단 아크의 끝을 뒤에 다시 아크를 발생시켜 크레이터를 메우면 된다. 그러므로 용접봉을 바꾸어 끼우고 비이드를 이을 때나, 용접을 끝낼 때에는 충분한 주의를 하여야 한다.

(4) 언더컷(under cut)

언더컷은 용접 경계부분에 아크로 긁힌 것과 같이 움푹파여 들어간 홈을 말한다. 이와 같은 결점이 있을 때는 모재의 두께가 파여 들어가 얇아지므로 그 부분은 약하게 된다. 원인으로는 용접전류가 너무 크기 때문에 모재쪽이 크게 녹아 용접부를 채우는 용접봉의 양이 따르지 못하기 때문이다. 이것은 용접전류의 조정, 용접봉의 크기 선책, 용접봉의 위이빙을 하지 말고 아크의 길이를 짧게하여 운동을 빨리 하지 않도록 한다.

(5) 오버랩(overlap)

용융된 금속이 모재와 잘 융합되지 않고 표면에 덮여 있는 상태로서 언더컷의 반대로 용접전류가 작을 때는 모재를 용융시키는 열이 부족하기 때문에 용입이 나빠 용착금속이 흘러서 오버랩이 생긴다.

10.4.4 연강용 피복 아크용접봉

(1) 용접봉의 종류

연강용 피복 아크용접봉은 KSD7004 규정에 약 10종류가 분류되어 있다. 최근에는 다시 사용목적에 따라 전용 용접봉까지 제조되고 있다.

용접봉은 1.0, 1.4, 2.0, 2.6, 3.2, 4.0, 5.0, 6.0, 7.0, 8.0 mm 등 10여종 있으나, 3.2~6 mm 가 가장 널리 사용되고 있다.

① 연강용 피복 아크용접봉의 심선

연강용 용접봉의 심선을 주로 저탄소 림드강(Low-car-bon rimmed steel)이 사용되고 있는데 선분 중에는 인이나 유황의 양은 적게 하며 함유량이 많을 때는 기계적 성질이 나빠져 취성을 갖게된다.

② 계통별 특성

일미나이트계(illuminate type) : 일미나이트(T_iO_2 , FeO)를 30% 함유한 것으로 광석 등을 주성분으로 한 슬랙 생성계이며 중간 두께 피복용접봉으로 모든 용접에 사용된다. 슬랙은 비교적 유동성이 좋고 용입 및 기계적 성질도 양호하며 특히 내부 결함이 적어 선박, 교량, 기타 압력용기 등의 중요 기기에도 널리 사용되고 있다.

③ 라임 티탄계(lime titanium type)

슬랙 생성계인 산화티탄(T_iO_2)을 주성분으로 (30%이상) 하위에 쓴 연강용 피복용접봉의 KSD기호는 E43△□ 과 같이 나타내는데 다음과 같은 의미를 가지고 있다.

표 6.2 연강용 피복 아크용접봉 (KSD7004)

용접봉의 종류	피복제의 계통	용접자세	전류의 종류
E4301	일미나이트계	F.V.OH.H	AC 또는 DC (±)
E4303	라임티탄계	F.V.OH.H	AC 또는 DC (±)
E4311	고센롤로우즈계	F.V.OH.H	AC 또는 DC (+)
E4313	고산화티탄계	F.V.OH.H	AC 또는 DC (-)
E4316	저수소계	F.V.OH.H	AC 또는 DC (+)
E4324	철분산화티탄계	F.H-Fil	AC 또는 DC (±)
E4320	철분저수소계	F.H-Fil	AC 또는 DC (+)

E4327	철분산화철계	F.H-Fil	F에서 AC또는 DC, H-Fil에서는 AC 또는 DC(-)
E4340	특수계	F.V.OH, H-Fil의 전부 또는 어느 한 자세	AC 또는 DC (±)

[주] 용접자세에 쓰인 기호의 뜻.
F : 아래보기, V : 수직, H : 수평, H-Fil : 수평자세필릿
전류의 종류에 쓰인 기호의 뜻
AC : 교류, DC(±) : 직류, 봉 플러스 또는 마이너스, DC(-) : 직류, 봉 마이너스, DC(+) : 직류, 봉 플러스

(2) 전기용접봉의 표시법

E 43 △ □

E : 전극봉(Electrode)의 첫 글자.
43 : 용착금속의 최저인장강도(kg/mm^2)
△ : 용접자세(0,1 : 전자세, 2 : 아래보기 및 수평 필릿용접, 3 : 아래보기, 4 : 전자세 또는 특정자세의 용접)
□ : 피복제의 종류(극성에 영향)

일본은 E대신 D를 사용하며 최저인장강도의 단위는 우리 나라와 같다. 미국은 우리 나라와 같이 첫 글자는 E로 표시되나 최저인장강도 43(kg/mm^2)대신에 $1\ b/in^2$ 단위의 6000(psi)의 첫 두 자리를 써서 E6010, E6016으로 부른다.

표 6.3 각 나라의 용접봉 표시법

한국	일본	미국
E4301	D4301	E6001
E4316	D4316	E6016

10.4.5 용접부의 자유 굽힘 시험(Free band test)

용접부의 자유굽힘 시험은 용접부에 용입된 용입재의 연성(ductility)을 측정하기 위해 시험한다. 탁상바이스 등을 이용해서 쉽게 할 수 있으며, 자유굽힘 시험 절차는 다음과 같다.

1) 굽힘시험 전에 시편을 그림 10.11의 A와 같이 가공한다. 시편의 길이방향 모든 모서리 부분은 시편두께의 1/10을 초과하지 않도록 둥글게 가공(round)한다. 두 개의 용접부의 모서리 부분에는 그림 B와 같이 1.6 mm(1/16 inch) 넓이로 양쪽에 선(scribed line)을 나타낸다. 이들 두 선 사이의 길이는 변형 전 초기길이 X 의 값으로 기록한다(그림 B). 용접부 전체가 굽힘시험에서 중심이 될 수 있도록 시편의 전체길이의 약 1/3 부근에 약 30도로 시편을 굽혀 놓는다. 시편의 용접부 표면에 1.6 mm의 크랙 보다 더 큰 크랙이 전체 용접부 표면 중의 일부에서 발생할 때 까지 충분히 압력을 가하면서 그림 C 와 같이 굽힘시험을 한다. 크랙이 발생하지 않을 경우에는 시편의 두께가 6.4 mm(1/4 inch)가 될 때 까지 굽힘시험을 계속한다. 바이스를 이용할 수 있지만, 큰 굽힘력이 필요한 경우에는 유압프레스를 이용한다. 굽힘시험 중에 시편이 미끄러지거나 굽힘장치에서 탈락하지 않도록 그림 10.11의 E와 같이 시편의 끝 부분이 충분히 접촉하도록 한다.

2) 굽힘 시험이 완료되면 시편에 그은 양쪽선 사이의 길이를 측정하여 그 값을 Y로 기록한다. 늘어난 길이(elongation)의 백분율을 구하기 위해 처음 측정한 길이와 나중에 늘어난 길이를 나누어서 그 값을 구한다.(그림 C) 일반적인 경우에는, 실험에서 구한 늘어난 길이(elongation)의 백분율 값이 최소한 15% 가 되어야 하며, 용접부의 표면에 1.6 mm(1/16 inch)보다 큰 크랙이 발생해서는 안 되도록 기준이 설정되어 있다.

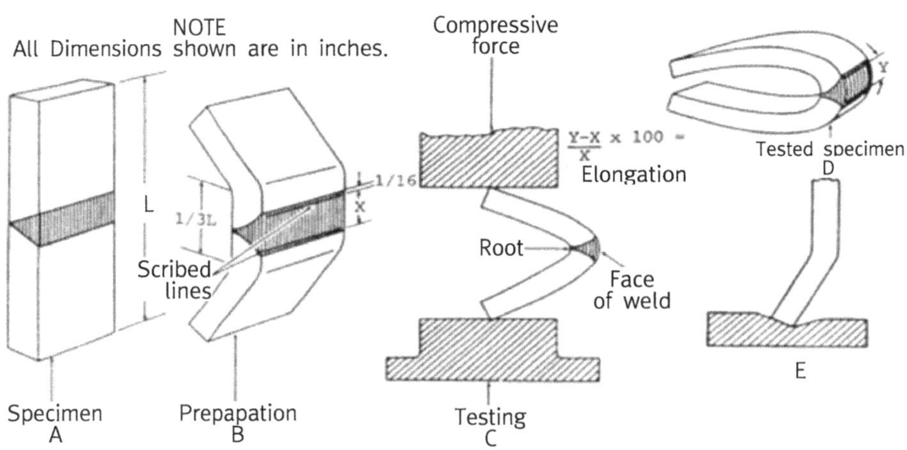

그림 10.11 용접부의 자유굽힘시험(1.6 mm=1/16 inch)

연습문제[Lab Quiz]

이름 : ____________________ 실습일자 및 시간 : ____________________

학번 : ____________________ 보고서 제출일 : ____________________

1. 아크용접에서 전류의 세기와 관계없는 것은?
   ① 스패터 ② 언더컷 ③ 슬랙 ④ 오버랩

2. 용접할 때 아크가 길어지면 다음과 같이 된다. 틀린 것은?
   ① 언더컷이 생긴다. ② 블로우 호울이 생긴다.
   ③ 재질이 나빠진다. ④ 아크가 불안정하게 된다.

3. 지금 4 mm의 용접봉에 가장 적합한 용접전류는?
   ① 30 A이하 ② 40~80 A ③ 100~150 A ④ 200 A이상

4. 전기용접기의 용량을 표시하는 단위는?
   ① V ② A ③ kVA ④ kW

5. 연강용 피복용접봉의 KSD기호는 E43△ㅁ과 같이 나타내는데 여기에서 43은 무엇을 의미 하는가?
   ① 피복재의 종류 ② 용착금속의 최소 인장강도
   ③ 용접봉의 직경 ④ 용착금속의 경도

6. 얇은 판의 용접에 적당한 것은?
   ① 교류용접 ② 직류정극성 ③ 직류역극성 ④ 직류용접

7. 아크용접에서 용입부족의 원인이 될 수 없는 것은?
   ① 용접속도가 빠를 때 ② 용접전류가 낮을 때
   ③ 홈의 각도가 좁을 때 ④ 모재가 과열 되었을 때

8. 용접부에 생긴 잔류응력을 없애려면?
① 담금질 한다. ② 풀림 한다. ③ 뜨임 한다. ④ 불림 한다.

9. 오버랩 현상의 원인이 아닌 것은?
① 전류가 낮음 ② 용접속도가 낮음 ③ 극성 연결 잘못 ④ 모재 과열

10. 언더컷이 일어나는 원인은?
① 운봉속도 느림 ② 전류 낮음 ③ 모재 과열 ④ 용입이 안 될 때

11장

판금 가공

11.1 목적

11.2 판금 실습 과제

11.3 실습내용 및 순서

11.4 관련지식

11.1 목적

물 탱크, 또는 연통과 같은 3차원 모형제작을 위해 얇은 판재를 이용해서 절단, 굽힘 및 결합작업으로 제작하는 경우가 많다. 이러한 판금작업을 위해 판재의 전개도를 그리는 작업이 필요하게 된다.

여기서는 얇은 판재로 구성된 3차원 형상의 물체를 제작하기 위해 전개도를 그리고 관련지식(표면적, 용적률 등)을 학습한다.

그림 11.1은 판금가공의 예이다. 그림 (a)는 사각원뿔이며, 그림(b)는 비행기 동체의 머리 부분을 판금가공 한 예이다.

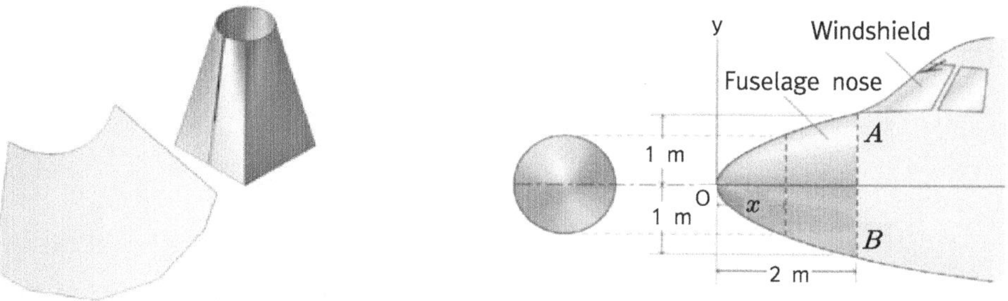

(a) 사각원뿔 (b) 비행기 동체 머리 부분

그림 11.1 판금 가공

11.2 판금 실습 과제

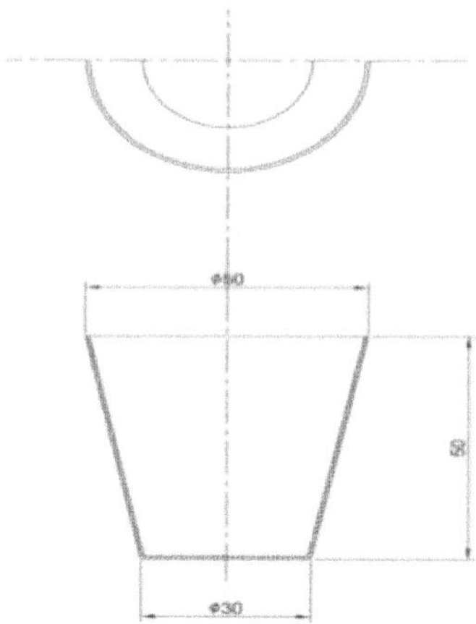

▶ 얇은 판재의 두께 "t = 0.5 mm" 이며 재질은 "SWG 20" 이다.

1) 전개도를 그리고 용기를 제작하시오. 결합여유를 생각하고 전개도를 그려야 한다.
2) 사용된 판재의 총 면적, 무게, 용기의 체적을 구하여라.

▶ 소요시간 : 2시간

▶ 전개도 작성연습은 두꺼운 종이를 이용할 수 있다.

그림 11.2 판금 실습 과제

11.3 실습내용 및 순서

1) 전개도 작성법에 관한 관련지식을 습득한다.
2) 전개도를 그린다.
   주의 : 접합부의 가공여유, 가공방법을 고려해 전개도를 그린다.
3) 형상물을 만든다.
4) 관련보고서를 작성한다.(소요 판재의 넓이, 용기의 체적, 용기의 무게 등을 포함한다.)

11.4 관련지식

얇은 판으로 제작된 용기와 같은 3차원 물체를 제작하기 위해 전개도를 그리는 일반적인 패턴이 있다. 원형 모양은 3차원 물체의 평면과 만나는 정점 또는 꼭짓점을 기준으로 전개도를 그리는 방법이 많이 사용한다.

11.4.1 전개도 작성방법

크게 3가지로 분류된다.

① 반경 직선 방법(radial line method) : 원뿔(cone) 또는 피라미드(pyramids) 형태는 한 정점(apex)에서 모든 면이 모이게 된다. 이러한 종류의 3차원 물체 전개도를 그리는데 사용한다.

② 평행선 전개도 방법(Parallel line method) : 이 방법은 엘보우, T-파이프의 면을 절개하여 원형파이프를 부착하는 경우에 많이 사용한다.

③ 삼각형태 전개 방법(triangulation method) : 많은 경우에 보편적으로 사용한다. 이 방법은 물체의 높이와 평면이 포함된 도형을 이용한다. 형상에 필요한 수 만큼 평면의 전개도를 삼각형 도형으로 분할한다. 이때 삼각형 한 변의 길이는 평면도형에서 실제길이로 나타날 수 있도록 작도한다.

11.4.2 반경 직선법(radial line method)의 전개도 작성법

여기서는 과제와 관련이 있는 원호 반경 직선법(radial line method)의 전개도 작성법을 설명한다. 그림 11.3은 반경직선법으로 원뿔 모양의 전개도를 그리는 방법이다.

전개도를 그리는 순서는 다음과 같다.

① 원뿔의 평면도 OQR 을 그린다. 이때 경사진 선 OR은 전개도의 원호 QQ 의 반경이 된다.
② 원뿔의 평면은 그림에 나타낸 것과 같이 일정한 간격으로 분할한다. 그림에서는 12개로 분할했다.
③ 반경 OQ로 그려진 원호에 분할된 길이와 동일하게 순서대로 모형의 면의 길이를 나타낸다. 그림에서는 밑변 부분의 원호를 12등분해서 1번부터 12번까지 표시했다.

전개도 완성에서 전개도의 선분 OQ와의 접합가공을 고려해야한다. 접합 방법 및 종류에 따라 가공여유를 두어야 한다.

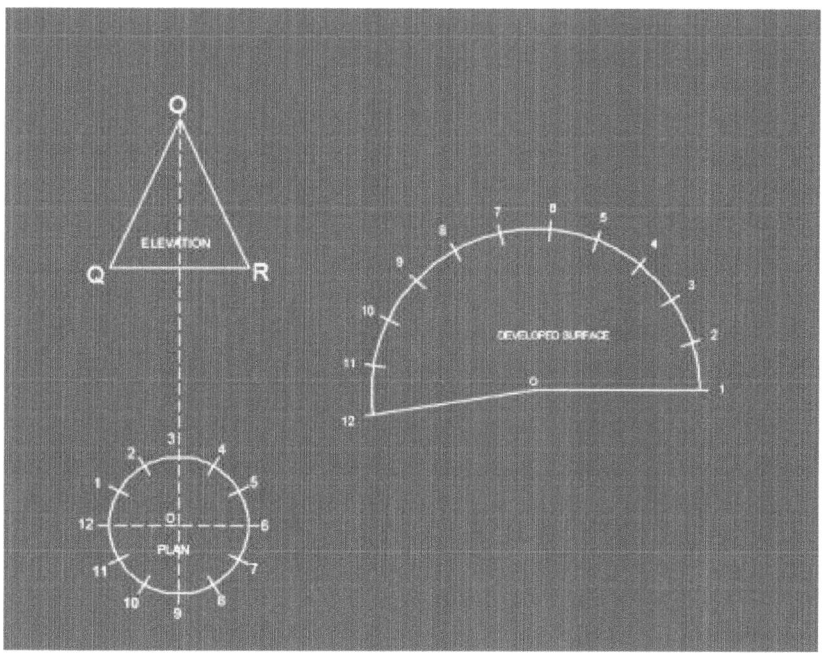

그림 11.3 전개도 작성법 : 원호 반경 직선법(radial line method)

11.4.3 파포스(Pappus)와 굴디누스(Guldinus)의 정리

전개도의 면적, 체적은 파포스(Pappus)와 굴디누스(Guldinus)의 정리를 이용하면 쉽게 구할 수 있다.(정역학 책에 잘 설명되어 있다. 참고하기를 바란다.)

판금재료의 전체무게는 다음과 같이 쉽게 구할 수 있다.

판금재료의 소요 무게 = 비중량 x (판금전개도의 면적 x 판금의 두께)

아래의 내용은 "R.C.Hibbler, 정현조 역, 정역학"의 일부를 정리한 것이다.

파포스(pappus)와 굴디누스(Guldinus)의 두 정리는 임의의 회전체의 표면적과 체적을 구하는데 사용된다. 처음으로 A.D.4세기경에 알렉산드리아의 파포스에 의하여 창안되었고, 그후 스의스의 수학자 파울 굴딘(Paul Guldin 또는 Guldinus 1577-1643)에 의하여 재정립되었다.

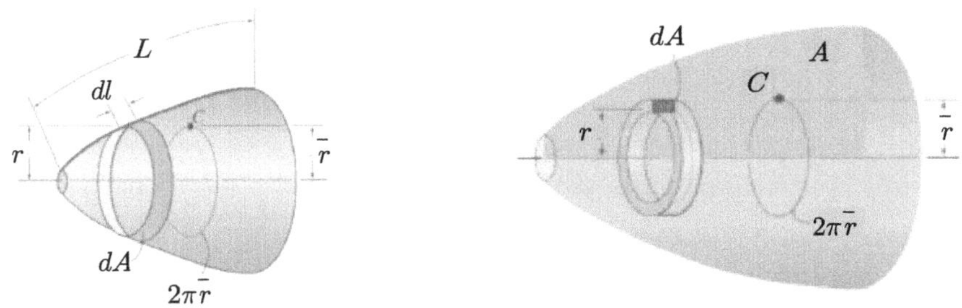

a) 표면적 계산을 위한 모델　　b) 체적계산을 위한 모델

그림 11.4 표면적 및 체적계산을 위한 모델

참조 "R.C.Hibbler, 정현조 역, 정역학"

(1) 표면적

임의의 평면곡선을 교차하지 않는 축을 중심으로 회전시킬 때 회전체의 표면적을 형성할 수 있다. 예를들어, 그림 11.4 와 같이 길이가 L인 호선을 수평축에 대하여 회전시켜 호면을 만들 수 있다. 이 곡면의 면적을 구하기 위하여 먼저 길이가 dL인 미소선분을 선택한다. 이 선분을 축에 대하여 2π라디안만큼 회전시킬 때, 형성되는 고리모양의 면적은 $dA = 2\pi r dL$이 된다. 그러므로 전체 면적 $A = 2\pi \int r dL$이다. $\int r dL = \bar{r} L$ (식 9-5)이므로 $A = 2\pi \bar{r} L$이 된다. 피회전 곡선이 θ(라디안)만큼 회전한 경우에는

$$A = \theta \bar{r} L \tag{11-1}$$

여기서

A= 회전체의 표면적

θ= 회전각(라디안),$\theta \le 2\pi$

$\bar{r}$= 회전축에서 피회전 곡선의 도심까지의 거리

L= 피회전 곡선의 길이

이것이 파포스와 굴디누스의 제 1정리로서, 회전체의 표면적은 피회전 곡선의 길이와 피회전 곡선의 도심이 회전한 거리의 곱과 같다.

(2) 체적

임의의 평면을 교차하지 않는 축을 중심으로 회전시킬 때 회전체를 형성할 수 있다. 예를 들어, 그림 11.4와 같이 엷게 칠한 면적을 수평축에 대하여 회전시켜 회전체를 만들 수 있다. 이 회전체의 체적을 구하기 위하여 먼저 면적이 dA인 미소면적을 2π라디안만큼 축에 대하여 회전시킬 때, 형성되는 고리모양의 체적은 $dV = 2\pi r dA$가 된다. 전체체적 $V = 2\pi \int r dA$이다. 또한, $\int r dA = \bar{r} A$ 이므로 $V = 2\pi \bar{r} A$가 된다. 피회전 면적이θ(라디안) 만큼 회전한 경우에는,

$$V = \theta \bar{r} A \tag{11-2}$$

여기서

V= 회전체의 체적

θ= 회전각(라디안),$\theta \le 2\pi$

$\bar{r}$= 회전축에서 피회전 면적의 도심까지의 거리

A= 피회전 면적

이것이 파포스와 굴디누스의 제2정리로서, 회전체의 체적은 피회전 면적과 그 면적의 도심이 회전한 거리의 곱과 같다.

연습문제[Lab Quiz]

이름 : ____________________ 실습일자 및 시간 : ____________________
학번 : ____________________ 보고서 제출일 : ____________________

1. 제작한 모형을 제출하고, 접합부분의 가공방법을 설명하시오.

2. 제작한 모형의 단면적과 체적을 구하시오.

3. 연강판 또는 알미늄 판을 이용할 때, 각각 제품의 중량을 구하시오.

3D 프린팅

12.1 목적

"3D프린터"를 이해하고 모형(prototype)제작 능력을 갖게 한다. 학습과정에서 필요한 설계 모형의 제작에 많은 도움이 될 것으로 기대한다.

12.2 3D 프린터 실습과제

3D 프린터의 실습과제는 기계부품으로 활용가능한 자유과제로 한다. 예를 들면, 기성품으로 구입하기 어려운 그림 12.1의 "파이프 결합장치"와 같은 모형을 과제로 추천한다. **프린터의 가동시간과 소모품을 고려해 모형의 실제체적이 "100 cm^3 "을 초과하지 않아야 한다.**

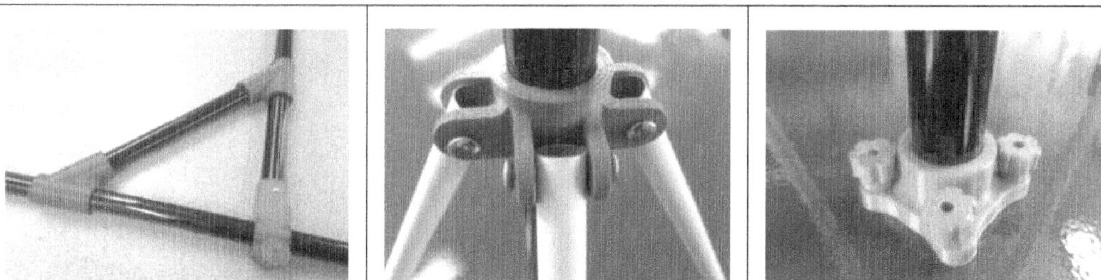

1. 과제	기계부품으로 사용가능한 자유과제(파이프 결합장치를 추천)
2. 제작시간	4시간
3. 제한조건	모형의 실제체적이 "100 cm^3"을 초과하지 않아야 한다.

그림 12.1 FDM 방식의 3D 프린터를 활용한 과제 예시

12.3 실습 내용 및 순서

※ 관련지식 "4.4 3D프린터의 조형과정"을 참조하시오.

1) 3D 프린터에 대한 관련지식을 습득한다.
2) 3D 프린터 사용방법을 익힌다.

3) 공개되어 있는 관련 소프트웨어를 이용해 모델을 작성한다.
4) 모형제작 실습을 한 후, 보고서를 작성해 제출한다.

12.4 관련지식

12.4.1 개요

(1) 쾌속조형(Rapid Prototyping)

제조업에서 제품생산의 경향이 대량생산 방식이 아닌 다품종 소량생산으로 변화됨에 따라 쾌속조형(Rapid Prototyping)의 한 방법으로 3D프린팅 기술이 산업전반에 많이 적용되고 있다. 기계부품, 의료, 식품, 패션에 이르기까지 3D프린팅 기술이 널리 사용되고 있다. 3D프린팅 기술은 간략하게 정의하면 3차원 입체물을 만드는 기술이다. 보편적으로 "적층생산방식(AM : Addititive Manufacturing)"을 많이 사용하지만, 절삭가공방식인 "깍는 생산방식(SM : Subtractive Manufacturing)"을 사용해 모형을 제작한다.

그림 12.2는 적층 제조기술의 개념도이다. 제작하고자 하는 모형(RP)를 얇게 단면으로 자르고 이어서 부치는 방식이다. 제비집을 짓는 방식과 유사하다.

그림 12.3은 3축 CNC 밀링머신에 프린터헤드를 부착한 용융적층식(FDM : Fused Deposition Modelling) 3D프린터의 사진이다. FDM 방식의 3D프린터는 CNC 가공기술을 그대로 적용하고 있음을 알 수 있다. 3D 프린터의 이송방식의 대부분은 NC가공에 사용하는 'G 코드'를 사용한다.

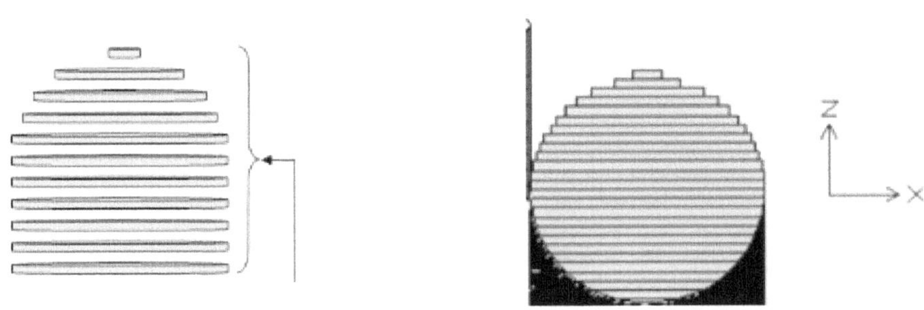

1) 물체의 단면을 자른다. 2) 잘라진 단면을 접합한다.

그림 12.2 RP 의 적층원리

그림 12.3 밀링머신에 용융압출노즐을 부착한 3D프린터

표 12.1은 대표적인 급속조형기술(Rapid Prototyping)을 정리한 것이다. 다양한 급속조형기술이 있지만, '3D 프린터'가 급속조형기술의 동의어로 사용되는 경우가 많다.

이중에서 가장 널리 사용되는 방식이 용융적층 방식(FDM; Fused Deposition Modeling)이다. 실습에 사용하는 이 방식을 중점적으로 소개한다.

표 12.1 상용화되고 있는 RP(Rapid Prototyping) 제조법

Prototyping Technologies	Base Materials
Selective laser sintering (SLS)	Thermoplastics, metals powders
Fused Deposition Modeling (FDM)	Thermoplastics, Eutectic metals.
Stereolithography (SLA)	photopolymer
Laminated Object Manufacturing (LOM)	Paper
Electron Beam Melting (EBM)	Titanium alloys
3D Printing (3DP)	Various materials

(2) 용융적층방식 : FDM(Fused Deposition Modeling)

필라멘트 형식의 재료를 가열해 유동성을 크게 한 후에 노즐을 통해 분출시켜 적층하는 방식이다. 노즐 헤드가 X, Y축으로 이동하고 테이블이 Z 축 방향으로 이송한다. NC 시스템을 바로 적용할 수 있는 방식으로 가장 널리 적용되고 있다. 앞에서 설명한 STL 방식과 유사하다. 여러 가지의 재료를 이용한다. ABS수지(Acrylonitrile butadiene styrene polymer), 폴리카보네이트(polycarbonates) 폴리카프락톤(polycaprolactone) 수지(waxes)등을 사용한다. 제조과정에 필요한 지지대(supports)을 위해 물에 잘 녹는 소디움 하이드로사이드(sodium hydroxide)을 사용한다. 조형물의 표면이 비교적 거칠다.

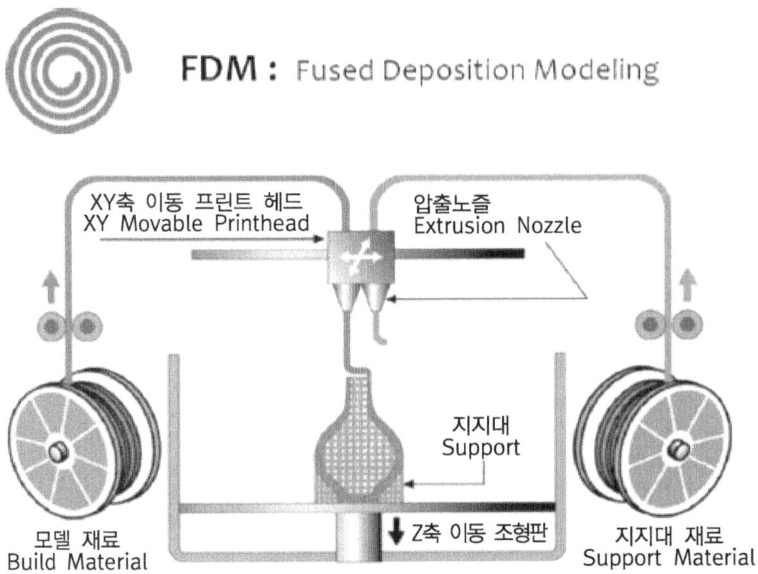

그림 12.4 FDM(Fused Deposition Modeling)
출처 "대림엔지니어링"

12.4.2 FDM 3D 프린터의 기본 원리

(1) 기본원리

3D 프린팅의 기본원리는 종이와 같이 얇은 층을 겹겹이 쌓아 올려 입체물을 만드는 것이다. 2D 프린터에 높이방향의 축을 추가해 입체조형으로 인쇄물을 만드는 것이라고

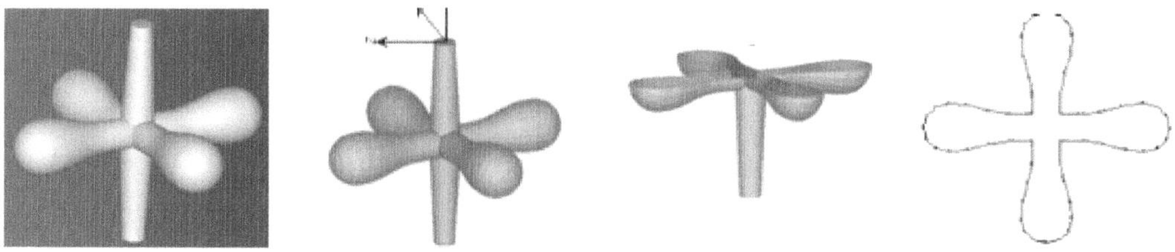

그림 12.5 3차원모델의 RP에 적용과정

도 할 수 있다. 기존의 3축 기계에 특수한 프린터 헤드를 추가했다고 말할 수 있다.

RP을 제작하기 위해서는 기본적으로 CAD의 솔리드모델링(Solid Modelling)이 필요하다. 이 모델을 STL 형식('STL' format)으로 변환하고 적층이 가능한 높이로 분할한 후, 다양한 방법(예를 들면 3D 프린터)을 활용해 모형을 제작한다.

그림 12.5에는 CAD에서 제작한 솔리드 모델의 STL 변환과 슬라이싱 과정을 설명하고 있다. 3차원모델을 삼각형 요소를 활용해 다각형 모델로 재구성한다. 그리고 일정한 두께로 단면을 분할한다. 단면을 분할하는 과정을 슬라이싱(slicing operation)이라고 한다. 그림의 (d)는 평행하게 분할된 단면의 형상이다.

RP의 전 단계는 3차원모델링 작업이다. CAD을 이용해 3차원모델링 작업을 할 수 있어야 3D 프린터를 사용할 수 있다.

(2) STL 포멧

STL(Surface Triangle/Tessellation Language)은 IGES 표준과 같은 3차원 데이터를 표현하는 국제적 표준 형식 중 하나이다. 일반적으로 3D 프린터에 사용한다. 솔리드모델은 대부분 폴리곤(polygon)의 조합으로 되어 있다. 이것을 분할해서 삼각형 요소로 표현한다. 그림 12.6은 캐드에서 작업한 솔리드모델을 STL파일로 변환했을 때, 삼각형 요소의 분할 수에 따라 형상이 변하는 것을 알 수 있다.

STL 포멧으로 변환했을 때의 STL 파일은 곡면을 표현하기가 곤란하지만 삼각형의 요소의 분할 수를 늘리게 되면 그림 10.13과 같이 공차가 적은 곡면과 유사한 형상이 된다.(원호 보간(Circular Interpolation)에서 다각형요소로 원에 근접하게 한 후 꼭짓점을 직선으로 연결하는 것과 유사하다.)

삼각형 요소로 구성된 모델을 얇은 두께로 분할(Slicing)하고, 그 단면에 대한 서피스 모델의 조형하기 위해 NC기계에서 사용하는 G 코드를 생성해 모델을 제작한다.

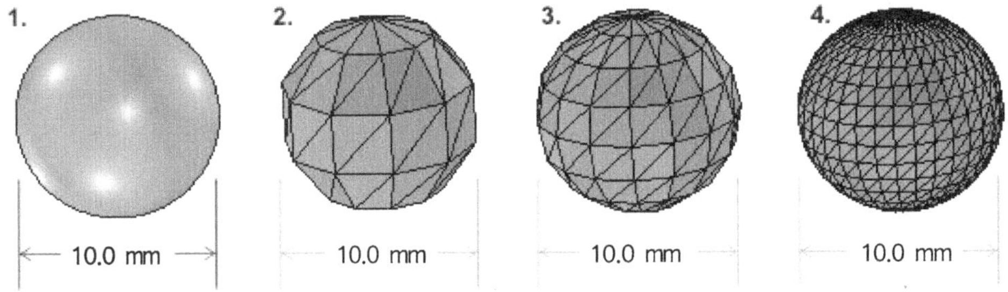

그림 12.6 3차원모델의 STL 데이터 변환(삼각형 분할요소가 점차 증가)

STL 포맷은 모델의 색상에 관한 정보는 저장하지 않는다. 색상정보가 필요한 경우에는 PLY 포맷이나 VRML 포맷의 3D 데이터를 사용한다.

3D 프린터에 STL 파일을 사용하기 전에 삼각형요소의 완전성을 검사하고 수정하는 것을 추천한다.

STL 파일로 변환된 데이터에 다각형요소가 닫혀져 있지 않는 경우에는 3D 프린터에서 그대로 사용할 수 없다. 삼각형요소가 닫혀져 있지 않다는 것은 형상의 두께가 "0"인 상태를 의미하며 이런 경우에 3D 프린터 사용 중에 에러(error)가 발생한다.

3D 프린터를 사용하기 전에 STL 파일의 오류를 미리 검사하면 재료의 낭비를 막을 수 있다.

STL 파일의 오류를 검사하기 위해서는 공개사이트를 이용하거나 전용 소프트웨어를 이용해야한다. STL 파일 검사 무료 사이트 "www.viewstl.com"을 이용할 수 있다.

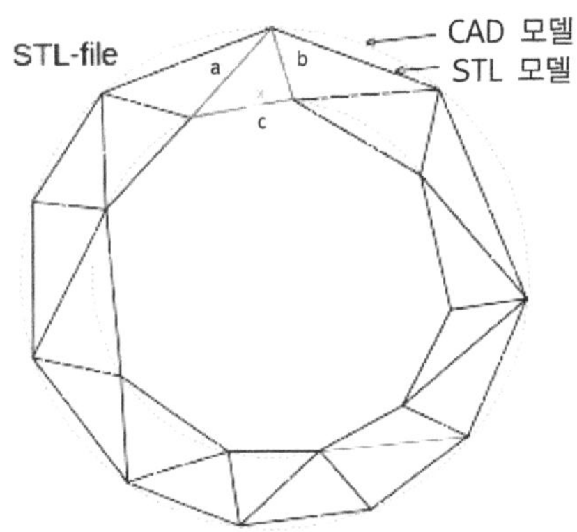

그림 12.7 원의 STL 모델

STL 데이터가 문제가 없다고 확인되면 3D 프린터를 제어하기 위한 데이터로 변환해야 한다. STL 데이터을 이용해 여러개의 층(layer)으로 나누어 프린터헤드가 움직이는 경로를 'G code' 데이터로 변환해 주어야 된다. 이러한 변환과정을 슬라이싱(Slicing operation)이라고 한다. 대부분 3D프린터 제조회사는 자신들의 최적화된 소프트웨어를 지원해 준다.

대표적인 슬라이싱 공개 소프트웨어로 'Cura'가 있다. Cura 는 STL 파일을 3D 프린터로 출력할 수 있도록 G 코드로 변환해 준다.

12.4.3 3D프린터의 구조와 작동 방식

가장 널리 사용하는 FDM(용융적층방식, Fused Deposition Model) 3D프린터의 구조와 작동방식에 대해 알아본다.

(1) 작동방식

가열되면 용융이 되는 재료(열가소성 수지)를 사용한다. 재료는 연속적인 공급을 위해 필라멘트 형태로 드럼에 감겨져 있다. 필라멘트는 스텝모타의 작동에 의해 용융압출헤드로 공급되고 용융되어서 연속적으로 한층 씩 적층하면서 모델을 제작한다. 열가소성 수지가 적층되는 순간 경화되며, 한 층이 완료되면 Z축이 하강 또는 테이블이 상승한다. 일반적으로 테이블의 상승하는 형식을 많이 사용한다. 이러한 작업이 연속적으로 이루어져 모델을 완성한다. 한 층의 두께는 0.1 mm에서 0.3 mm 정도이다. 필라멘트는 일반적으로 지름이 1.75 mm을 사용한다. 노즐에서는 필라멘트를 약 200℃로 가열해 용융한다. 표 12.2에 필라멘트 재료와 용융온도를 정리해 두었다.

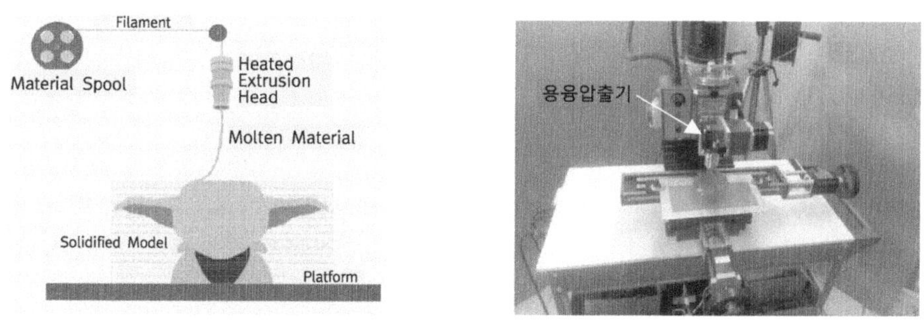

그림 12.8 FDM 방식의 3D 프린터원리와 프린터

표 12.2 FDM에 사용하는 필라멘트 재료의 특징

종류	설명	주요 특징	용융 온도
PLA	'Polylactic Acid'(폴리락트산)의 약자로 옥수수와 같은 작물을 원료로 한 생물 분해성 친환경 고분자로 현재 거의 모든 FFF(FDM)방식 3D 프린터에서 가장 많이 사용	• 곡물성분(옥수수,설탕)으로 제조한 유기성 재질. • 강도가 PTFE보다 높음 • ABS보다 층간(layer by layer) 접착력이 우수. • 표면에 광택이 있고 수축이 다소 발생. • 가열판(Heat Bed)이 별도로 없어도 프린트 가능 • 서포트로 활용시 제거하기가 다소 어렵고 서포트가 제거된 부분도 깔끔하지 못함. • 약 55°C 이상의 온도에서 변형 발생	180~ 220°C
ABS	'Acrylonitrile Butadiene styrene'가 가장 일반적 으로 사용되는 열가소성 플라스틱	• 기계적 특성이 우수하며 가격이 저렴하고 구입이 쉽다. 화석연료로 제조. 유해한 냄새 발생, 아세톤에 녹음. • 작은 조형물에 유리함 • 수축률이 높아 조형이 까다로움 • (히팅 베드 온도 100°C)	215~ 250°C
PVA	'Polyvinyl alcohol'	• 물에서 녹음(수용성) • 서포트 재료로 활용 • 프린트 조건이 까다로움	220~ 230°C

(2) 주요구성요소

① 이송기구

CNC 공작기계의 유사한 3축 이송기구가 있다. 수직축(Z)의 이동방식이 테이블이 이동하는 형태와 용융압출헤드가 움직이는 방법이 있지만, 주로 테이블의 하향이동방식이 많이 사용되고 있다.

② 용융압출헤드

CNC공작기계 주축의 공구에 해당하는 용융압출헤드는 필라멘트를 가열해 용융하고 압출하는 기능을 한다. 가열기(heat block)와 압출노즐(extrude nozzle)로 구성되어 있다. 압출노즐의 직경은 0.2, 0.3, 0.4 mm을 주로 사용 한다.

③ 테이블의 가열장치

용융필라멘트가 쉽게 부착할 수 있도록 테이블에도 가열장치가 있다. 출력물이 바닥에 고정되어 조형하는 동안 떨어지지 않도록 하는 역할을 한다. 플랫폼(platform)이라고도 부른다.

④ 테이블의 평형 조정 장치

3D 프린터에서 테이블의 정밀한 평형유지가 중요하다. 적층두께가 0.1 mm 라면 약간의 구배에도 정확한 조형이 되지 않는다. 테이블의 평형 유지를 위해 자동평형장치가 설치되어 있는 장비도 있고 수동으로 평형을 유지하는 방법을 사용하기도 한다.

(3) 3D 프린터 사용에서 고려할 점

① 지지대의 설치

지지대는 심하게 오버행 되어있는 모델(overhanging features)의 안정성을 위해 설치한다.

지지대는 모형에서 쉽게 제거 할 수 있는 구조여야 한다. 지지대는 외부지지대를 사용할 수 있으며, 모델링 작업에서 지지대를 설치할 수 있다. 지지대는 밀도를 낮게 해서 쉽게 제거할 수 있어야 한다.

그림 12.10은 지지대 설치의 필요성과 설치 예이다.

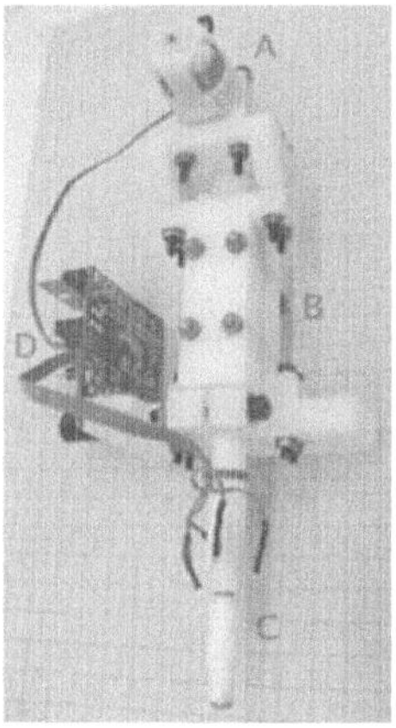

A : 필라멘트 공급 모타
B : 가열 히터
C : 노즐
D : 제어기

a) 용융압출헤드의 구성

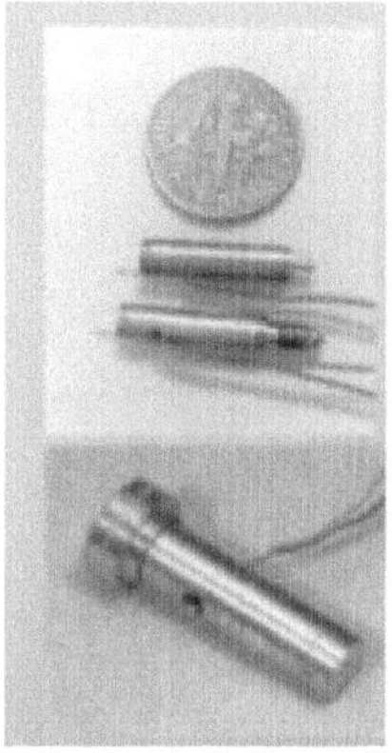

b) 헤드의 가열장치

그림 12.9 용융압출노즐의 구조

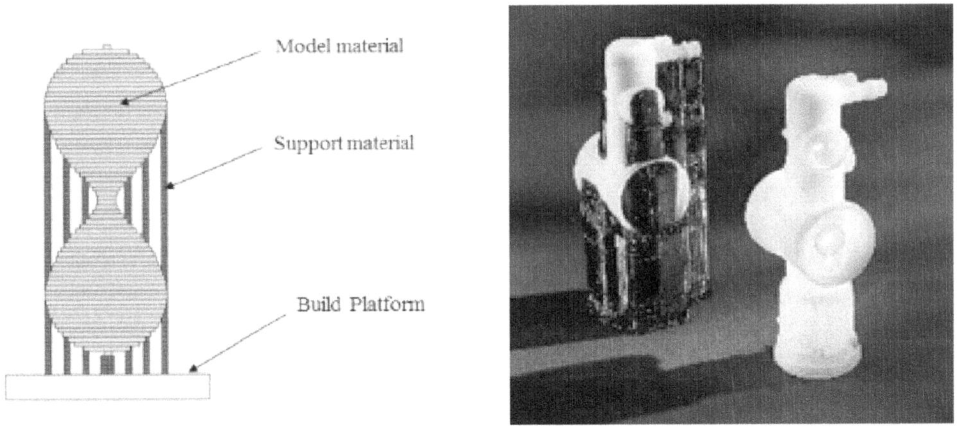

그림 12.10 FDM Model with/without supports

② STL 변환 후 데이터 검증(Data Repair)

STL 파일로 변환한 후에 파일 데이터의 완전성을 검증해야 한다. STL 데이터에 손상이 있거나 불완전하면 조형 중에 에러가 발생한다.

일반적으로 다각형요소가 열려져 있는 경우에 발생한다.

▶ STL 파일 검사 무료 사이트 "www.viewstl.com"을 이용할 수 있다.

③ 출력속도와 온도

프린터 헤드의 속도를 출력속도라고 한다. 출력속도가 높아지면 프린터의 속도는 증가하지만 품질이 저하된다.

④ 채움 정도(Fill density)

모델내부의 벌집모양(honey comb)과 같이 빈속을 채우는 밀도 값을 백분율로 표시한다. 밀도가 필요이상으로 높으면 재료의 수축율이 높아져 정밀도가 떨어지게 된다.

⑤ 품질(quality)

층간높이(layer height)가 작을수록 정밀한 프린팅이 되지만 그 만큼 출력속도는 늦어진다.

⑥ 테이블의 평형 및 압출헤드의 영점 조정

테이블의 평형이 이루어지지 않으면 조형은 실패로 귀결될 만큼 중요하다.

오토레벨링을 지원하지 않는 프린터의 경우 조형물 테이블 평형조정이 이루어 져야 한다.

압출헤드의 영점 조정이 자동적으로 이루어 지는 경우도 많지만, 영점조정이 안되어 있으면 조형물의 높이에 오차가 발생한다.

⑦ 적정노즐온도

사용하는 재료의 특성에 따라 ~~용융온도~~가 틀리므로 적정온도를 유지해야 한다. 표 11.2에 주로 FDM 방식에 많이 사용하는 필라멘트의 재료의 특징과 ~~용융온도~~이다.

(4) 안전주의

압출헤드의 가열장치 및 테이블이 가열된 경우 화상을 조심해야 한다.

12.4.4 3D프린터의 조형과정

FDM 방식의 프린터 조형과정은 크게 나누어 보면 그림 12.11과 같다. 이 과정 중에 3D모델링이 가장 중요하다. 모델링을 하고 STL 파일로 변환한 데이터가 완전하다면, 프린터의 사용설명서를 이용해 모델을 제작한다.

그림 12.11 FDM 방식의 3D프린터 출력 과정

(1) 3D 모델링

3D 모델링 소프트웨어를 활용해 모델링을 한다. 일반적으로 공학용 CAD를 사용한다. 오픈소스로 공개된 소프트웨어도 활용 할 수 있다.

표 12.3 널리 사용되고 있는 CAD 소프트웨어

Sample CAD Software Producing 3D Printing-ready Files	
3D Studio Max®	MicroStation®
3D Studio Viz®	Mimics®
Alias®	Pro/ENGINEER
Auto CAD®	Raindrop GeoMagic®
Bentley Triforma™	Rapidform™
Blender®	Rasmol®
CATIA®	Revit®
COSMOS®	Rhinoceros®
Form Z®	SketchUp®
Inventor	Solid Edge®
LightWave 3D®	SolidWorks
Magics e-RP™	UGS NX™
Maya®	VectorWorks®

(2) STL 파일로 변환

보통 모델링을 하게 되면 STL 파일로 저장할 수 있다. 소프트웨어 마다 파일 형식이 다르고, CAD 소프트웨어에서 변환이 안 되는 경우에는 중간파일 형식으로 변환한 하면 가능해 진다. 중간파일 형식으로는 보통 'IGES' 혹은 'STEP' 형식을 사용한다.

▷ STL 파일의 오류 검증

▷ STL 파일을 3D 프린터로 전송

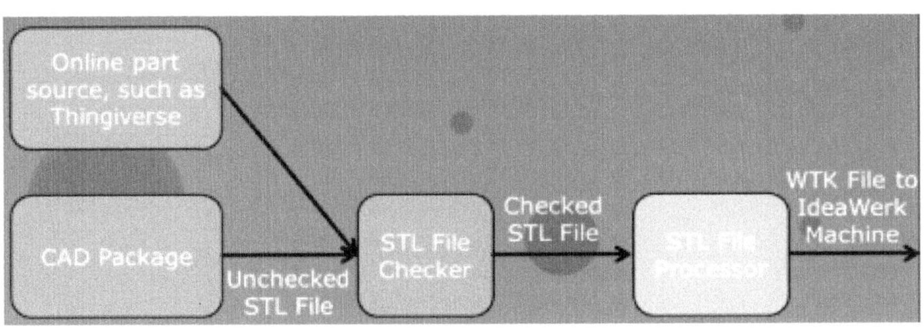

그림 12.12 3D 모델링의 STL파일 변환과 검증 프로세스

(3) 슬라이싱과 G 코드 생성

STL 파일을 이용해 슬라이싱과 G코드를 생성하기 위해 그림 12.13과 같은 내용을 프린터에 입력해야 한다.

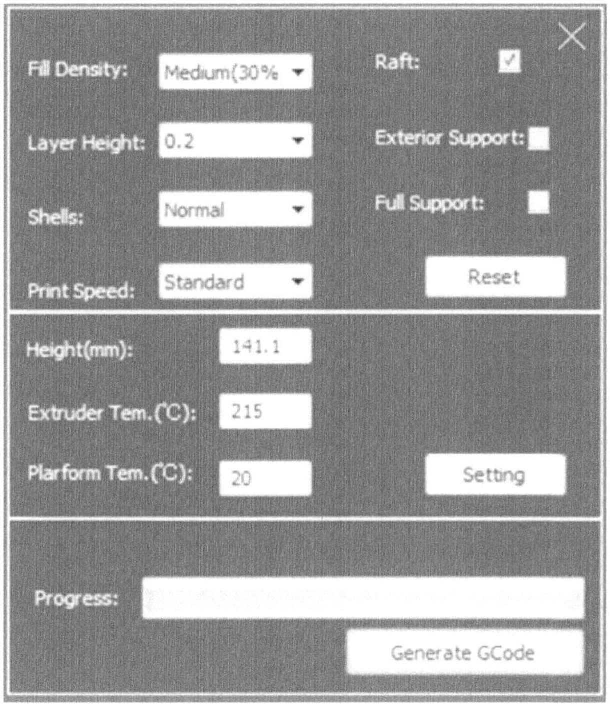

그림 12.13 슬라이싱과 G 코드 생성을 위한 변수 입력

① 래프트(Raft) : 테이블에 견고하게 부착하고 분리가 쉽도록 하는 역할을 하도록 조형물의 밑판설치를 의미한다. 테이블의 잘못된 정열(misalignment) 과 표면의 굴곡(irregularity)을 보상하는 기능도 있다. 가능하면 래프트의 사용을 추천한다.

② 플랫폼 온도(Plarform Tem.) : 플랫폼과 테이블과 동의어로 사용한다. 플랫폼의 온도가 너무 높으면 조형물이 수축하게 된다. 조형물의 크기가 직경 40 mm 이상인 경우에는 재료의 추천온도보다 낮게 설정한다.

③ 지지대(Support)는 외부 지지대와 내부 지지대로 분류한다. 내부 지지대 설치 기능이 있는 프린터는 자체적으로 지지대 설치 프로그램에 의해 설치된다.

(4) 조형물을 제작한다.

(5) 후처리공정

① 지지대(Support)를 제거한다.

② 다음 사용자을 위해 테이블(플랫폼)을 가장 낮은 위치에 둔다.

연습문제[Lab Quiz]

이름 : ____________________ 실습일자 및 시간 : ____________________

학번 : ____________________ 보고서 제출일 : ____________________

1. 3D 프린터의 출력과정을 간단히 설명하시오.

2. "STL"파일을 설명하시오.

3. 3D 프린터에서 테이블의 수평유지가 필요한 이유를 설명하시오.

4. 3D 프린터 출력물의 표면조도를 향상시키기 위한 방법과 제한조건을 설명하시오.

주요 참고 문헌

[1] E. Paul Degamo, JT.Black, Ronald A. Kohser, 'Materials and Processes in Manufacturing, 9th edition',John Wiley

[2] SME, 'Tooling University On line Text Book',2003

[3] 한국과학기술원 기계공학과 편저,'기계가공실습',청문각

[4] 서남섭, '절삭가공학', 동명사

[5] Graham T. Smith,'Advanced Machining',IFS Publication UK,1989

[6] Mikell P. Groover. 'Fundamentals of Modern Manufacturing, 4th Ed.', John Wiley,2010

[7] Ira A. Fulton,'ASU Instrument and Prototype Machine Shop',2017

[8] Reinder Singh,'Manufacturing Practice',CHITKARA,2016

[9] Miltiadis A. Boboulous,'Manufacturing of Processes and Materials',Excise,2010

[10] Taiga,성안당,'지그 고정구의 제작방법과 사용 방법',1995

[11] 노수황, '3D 프린터 실무활용 가이드 북',메카피아,2014

기초 기계공작 실습

2017년 8월 31일 초판 인쇄

2017년 9월 4일 인쇄 발행

저 자 김진남

발 행 인 송기수

발 행 처 도서출판 GS인터비전

편 집 처 도서출판 GS인터비전

인 쇄 처 트윈벨미디어

등록번호 제 25100-2016-000050호

I S B N 979-11-5576-193-9(93550)

주 소 서울 은평구 증산로 15길 69 2층

전 화 02-976-7898, 02-3272-7898.

팩 스 02-6468-7898

홈페이지 gsintervision.co.kr

E-Mail gsinter7@gmail.com

정 가 20,000원